U0734476

反内耗
解压笔记

柳柳 著

人民邮电出版社
北　京

图书在版编目（CIP）数据

反内耗解压笔记 / 柳柳著 . -- 北京 : 人民邮电出
版社，2025. -- ISBN 978-7-115-66081-7

Ⅰ . B842.6-49

中国国家版本馆 CIP 数据核字第 20257FW724 号

内 容 提 要

你是否常常陷入无休止的自我反思，对自己说过的话、做过的事乃至自身的价值进行反复拷问？你是否对周围的环境和他人的情绪变化非常敏感，容易被他人的言行影响，产生过度的情绪反应？你是否在面对选择时常常犹豫不决，担心自己的决定会造成不好的后果？你是否在关注他人和外界的同时，常常忽略自己的需求和感受？内耗存在于学业、职场和人际关系等方方面面。只有改变认知，我们才能彻底走出内耗。

本书以认知行为疗法为基础，系统地讲解了我们的不良情绪和行为都源自不良的认知，以及如何通过转变信念和认知，改变我们在学业、职场和人际关系中的焦虑和压力问题。作者设计了 68 种写作练习，帮助读者用一种能够轻松上手的方式觉察自己的所思所想，修正消极认知，建立积极的信念，从而改善情绪，减少内耗，走上人生正循环。

本书适合想要发现自我、了解自我和提升自我的读者阅读和使用。

◆ 著　　柳　柳
责任编辑　贾淑艳
责任印制　彭志环

◆ 人民邮电出版社出版发行　　北京市丰台区成寿寺路 11 号
邮编 100164　电子邮件 315@ptpress.com.cn
网址 https://www.ptpress.com.cn
北京天宇星印刷厂印刷

◆ 开本：880×1230　1/32
印张：9　　　　　　　　　　　2025 年 3 月第 1 版
字数：168 千字　　　　　　　2025 年 3 月北京第 1 次印刷

定　价：59.00 元
读者服务热线：（010）81055656　印装质量热线：（010）81055316
反盗版热线：（010）81055315

> 你会执着于一件事，或是一个人吗？
>
> 你是否常常陷入精神内耗？
>
> 你是否过于在意他人的看法？
>
> 你见过潜意识里的自己吗？

如果有以上情况，那么我相信，这本书会告诉你该怎么办。

"精神内耗"是近年来新兴的流行词，它泛指存在于各种生活领域中的内在消耗现象，已经变成了一种普遍的心理状态。如今，很多人会承认自己在工作、人际关系、感情及学业等方面出现过内耗的情况。

在某些时刻，做事缺乏动力是正常的。但当你在吃零食时，却告诉自己要减肥；在放松时，却批评自己不够自律；在不愿出门时，却责怪自己不善社交：这时你的内心开始自我拉扯和消耗，内耗便由此产生。

我们常对现状感到不满，对未来感到迷茫。焦虑和抑郁已成为现代社会常见的心理问题。一个内耗的人通常是想太多、过于在意他人的评价、做什么事都提不起兴趣的人，是内在不断消耗自己的人。

精神内耗的产生与我们如何看待世界、如何看待自我密切相关。

我们先来看一组图，下图中的两条横线哪一条更长？

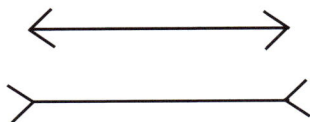

这就是著名的缪勒－莱尔"箭形错觉"，大多数人会觉得下方的横线更长，实际上，这两条线的长度是完全相等的，只是箭头的方向不同，使两条线视觉上产生了长度差异。这说明我们对事物的认知和观念常会产生错觉，很多我们深信不疑的事情不一定正确。

也就是说，你对事物的看法，对过往的纠结，对未来的担忧，以为他人对你的看法等一切的一切，都不一定是正确的，或者说，不一定是对你有帮助的。

因此，

- 我们对事物的看法不一定准确；
- 我们对自我的看法不一定准确；
- 我们固有的信念不一定能帮助我们实现目标或达成人生理想。

转变你的想法，是改善精神内耗的关键。

改变认知，才能彻底走出内耗

本书以认知行为疗法（Cognitive Behavior Therapy，CBT）为基础，系统讲解了我们的不良情绪和行为都源自不良的认知，以及如何通过转变信念和认知，改变我们在学业、职场和人际关系中的焦虑和压力问题。

CBT 作为主流的心理学流派之一，对当代心理学有深远的影响。它从认知和行为两个方面入手，改善个体的适应性问题，核心理念是认知决定行为。与许多晦涩难懂的心理学理论不同，CBT 逻辑清晰、易于理解。大量

CBT 的核心理念：
认知决定行为！

临床研究证实了其在干预精神疾病和心理问题上的良好效果，可用于处理常见的心理问题，如抑郁、焦虑、社交恐惧、职场压力、亲子关系和感情问题等。

CBT 的目标在于：通过改变认知和信念，改变行为，找回自我价值，构建有利于我们的认知。认知和行为的改变相互影响，从而形成正向循环。那么，如何觉察我们的所思所想，通过修正消极认知，建立积极的信念，用一种能够轻松上手的方式改善情绪、减少内耗、实现更大的人生目标呢？

答案就是反内耗解压笔记。

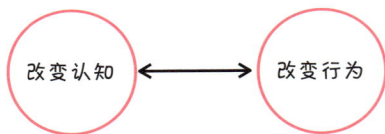

改变认知 ←――――→ 改变行为

反内耗解压笔记的神奇力量

反内耗解压笔记以认知行为疗法为基础，通过记录手账的形式来觉察和调整内耗状态。与日常手账关注的效率和规划不同，反内耗解压笔记关注的是我们最重要的东西——心灵。所以，它更像是一个心灵手账，通过一种松弛的方式帮助你面对并摆脱内耗，看到并纾解情绪，搭建自我关怀和支持系统。

如果你平时会感到情绪波动，容易焦虑、紧张，时常被压力压得喘不过气；或者总是想太多，明明什么都没做，却感到很累；抑或是自我评价低、被社交焦虑困扰、亲子关系紧张……那么，本书的 68 种写作练习，可以帮助你：

- 摆脱坏情绪，停止内耗和焦虑；

- 激发内驱力，提高做事动力；

- 学会解压技巧，释放学业、职场和生活压力；

- 攻克社交焦虑；

- 改变认知，建立全新的思维方式；

- 增强自信，减少敏感、自卑；

- 探索天赋和人生潜能；

- 梳理成长经历，疗愈童年及人生创伤；
- 通过正念和重塑潜意识，建立积极的信念，走上人生正循环。

焦虑、紧张

社交焦虑

想太多

情绪起起落落

不自信

童年创伤

亲子关系紧张

本书内容概览

- 本书第一部分介绍认知和情绪，讲解我们为何会感到精神内耗，从当下的情绪问题入手，揭示个体认知体系如何形成并影响我们的行动。你将了解到学业、职场和人际关系为何给你带来压力，以及怎样处理焦虑、抑郁和紧张情绪。这部分内容包括自我探索，情绪调节，缓解焦虑及压力等30种写作练习。

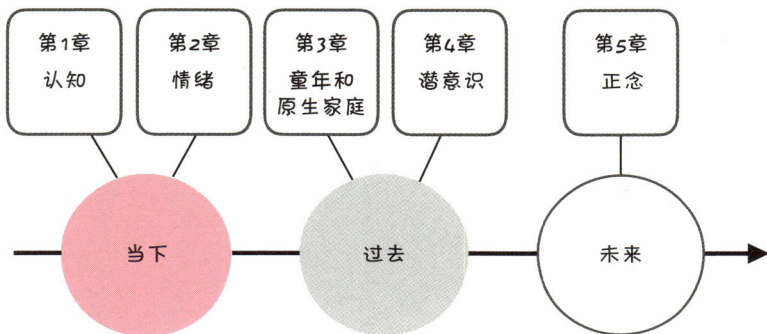

- 第二部分包括童年和原生家庭及潜意识，帮你回顾过去，深入探讨你的童年和原生家庭，解读潜意识、原始本能和大脑如何塑造现在的你。探索早期与父母的关系如何影响你的人际关系，以及如何找回自我价值，走出焦虑和不自信。这部分涉及梳理童年、家庭关系、克服社交恐惧及探索潜意识等23种写作练习。

- 第三部分聚焦于"创造未来，圆梦计划"，通过正念和规划的方式，帮你实现自我关怀和自我接纳，建立积极正面的信念，找到天赋和人生使命，创造全新的生活。这部分包含正念练习、重塑自信、找到天赋及人生方向的15种写作练习。

当你翻开这本书时，"你"是我们讨论的核心。书中的一切内容都围绕着"你"展开：你如何成为现在的"你"，为什么会这样想那样做，你怎样成为更好的自己，实现理想的未来。本书将一步步引导你，从现在到过去，再到未来。希望你能活出你本该有的样子。

能与你同行，是我的荣幸。

目 录

练习目录

什么是反内耗解压笔记

写下来吧

> 文字、音乐与爱，有着治病救人的功效。文字，可以出自他人之手，也可以出自你的手。也许在一笔一画中，解开了你多年的疑惑。

大多数人的大脑总是处于一种非常忙碌的状态，思索着未完成的工作、未来的规划、过去的悔恨、对某人的思念……仿佛从未停歇。这种状态不是真正的思考，而是被头脑中的念头牵着鼻子走。写下来，才是真正的思考。

"写下来"是一种高效且简便的整理方法。当思绪如乱麻般缠绕时，写下来就像帮助你厘清这一个毛线团。记录就是看到，看到即有解决之道。例如，本书介绍的"情绪日记"通过记录心理活动，可以帮你找到情绪问题的根源，从而有效管理情绪；"随时转念法"可以帮你减少负面思维；"摆脱焦虑手账"可以教你用具体的方法来缓解焦虑和压力。

另外，研究表明，记录正面和感恩的事物不仅能让人在当下产生愉悦感，还能增加日常生活中的幸福感。

让心灵变轻盈，让生活变有序

反内耗解压笔记是一种集情绪管理、心理追踪、人生历程、感恩和正念于一身的手账记录工具。它是贯穿一生的心灵整理术，每一次写作练习都是与自己心灵的"约会"，你会发现，越写越有顿悟。

许多人对"手账"并不陌生。手账是集任务清单、日程安排和个人规划于一身的"笔记本"。它记录了日程、出行计划、收支清单及简要笔记等，是提高个人效率的工具。

如果说写日常手账的目的是让生活更高效、更有序，那么写反内耗解压笔记的目标是让心灵更健康、更松弛。

本书将提供一个完整的心理分析系统，内容横跨童年、青年到老年，引导读者从梳理情绪和心理状态开始，到认识自我、重塑认知，并提出应对措施。如何避免因眼前的问题消耗自己，找到真实的自我，这就是写反内耗解压笔记的意义所在。

反内耗解压笔记的两个方向

一个是向内观，了解自我。

另一个是向外看，探索机会和可能性，发挥人生潜力。

如图 0-1 所示。

图 0-1　反内耗解压笔记帮你不再内耗

反内耗解压笔记运用了三步策略

第一步：觉察。通过记录和书写的方式识别、觉察自己的情绪和心理状态。

认知的改变需要以识别为基础，记录是观察想法、梳理思维的方式。写着写着，你会从混乱的思绪中找到条理，拥有更多"顿悟"时刻。

第二步：改变认知。发现并修正消极信念，用积极的信念替代旧有的消极信念。

第三步：改变行为。通过认知的改变，带来行为的改变，建立更具社会适应性的行为模式。

反内耗解压笔记的目标：让我们无条件地接纳自己和爱自己，如图 0-2 所示。

图 0-2　反内耗解压笔记的三步策略

本书将理论与实践相结合，理论部分基于认知行为疗法，涉及心理学、脑科学、社会学、发展心理学、艺术疗愈、接纳承诺疗法及管理学等多领域研究。实践部分则是与理论结合的写作练习，通过行动系统探讨认知、情绪、童年、潜意识和正念。

本书每一部分都通过相应的写作练习，提供具体的技巧，帮助你解决情绪和精神内耗的问题，实现认知和行为的转变。

　　希望这 68 种写作练习能帮你把杂草丛生的心灵花园重新变得鸟语花香，春色满园。

写作的原则

　　你可以直接在书中完成写作练习，也可以使用一个独立的笔记本建立自己的专属"心灵笔记"。在练习中，写下你想到的任何东西，这里没有固定格式或正确答案。无论长篇的流水账还是随意涂鸦，都是你说了算。

　　在这里，你被允许做你自己。

行动起来

　　本书尽可能采用形象生动和通俗易懂的语言描述，配合大量案例及实验研究，让心理学知识变得有趣又有用。本书力求简单易懂，容易操作，用一种轻松易懂的方式与你对话。

　　就像不下水是无法学会游泳的，你必须付诸实践才能掌握理论知识。同样，书中的每种练习都非常重要，只有真正去写，才会对你有效果。如果你渴望改变现状，或期望生活有所不同，请务必完成这些写作练习。书中的手账按照内容循序渐进，每种练习都与对应章节的知识结合，最好在阅读当下完成。如果你在当时没有时间，也请找个时间完成它们。

　　幸福的生活并非一个终点，而是一个不断探索的过程。

　　请你在开始前做出以下承诺。

我的宣言

　　我会尽全力完成本书中的所有写作练习，

　　我承诺对自己诚实，

　　我愿意接受改变，

　　我愿意为我的人生行动起来！

手账小试牛刀

我的人生之最

我做过最疯狂的事

我做过最后悔的事

我做过最开心的事

我最难忘的人

影响我最深的人

我最思念的人

我最崇拜的人

我最囧的事

我最难忘的假期

我最喜欢去的地方

我最喜欢看的电影

我最喜欢听的歌

我最喜欢阅读的书

我人生中最精彩的故事

第 1 章

认知决定你的人生剧本

"我是我接触过的人，触碰过的物，

感受过的情爱，迷失过的痛苦，等等，

所有的一切才让我成为此刻的我，

少一点都不是。"

——黑塞《悉达多》

你的内耗来自认知维度低

你认为自己是一个什么样的人？

你如何看待这个世界？

你如何面对和解决问题？

这些都源自你的认知。

阻碍你变强的是认知

认知反映了一个人认识事物、获取并运用知识解决问题的能力。认知过程包括学习、注意、思维和记忆等多个方面。

认知是我们在内心形成的对"自我"和"外部世界"的看法，包含我们对以下几个方面的看法：

- 对自己的看法；

- 对他人的看法；

- 对世界的看法。

在本书中，认知可以理解为想法和信念，信念是我们根据自身经历形成的一套对外界和自己的心理表征。因此，信念就是我们对事物的看法。同一件事，不同的人会有不同的看法和感受，这就是因为信念的不同。

不难看出，信念是一种极为主观的东西，它本质上没有对错之分。然而，一旦我们相信并认同某个信念，我们便会完全接受它。你可以从以下例子中发现一些端倪，如图1-1所示。

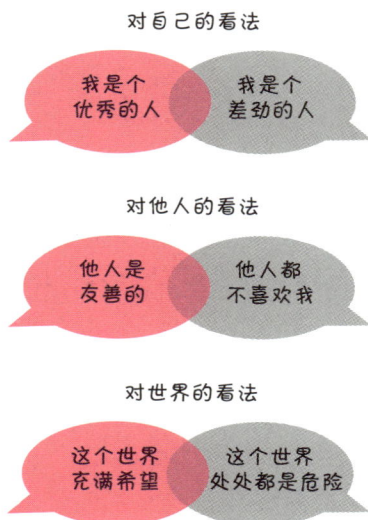

对自己的看法

我是个优秀的人　　我是个差劲的人

对他人的看法

他人是友善的　　他人都不喜欢我

对世界的看法

这个世界充满希望　　这个世界处处都是危险

图 1-1　你的内在信念是什么

你的想法更倾向于上面哪一种呢？

根据认知行为理论，正是由于认知的不同导致了不同的情绪和行为。著名心理学家贝克曾说过："适应不良的行为和情绪，都源于适应不良的认知。"每一种内耗的情绪，都来自一种内耗的认知方式。

一件事好与不好，完全在于我们如何看待它。这种看法决定了我们会产生怎样的情绪和行为反应。当你在内心深处相信某种观点时，你会将其视为真理，并按照这种认知去行动和感知世界。

例如，如果你认为自己是一个能力很强的人，那么在工作场合中，你会表现得很自信，展现出积极的行为，比如主动与人攀谈，大胆地表达自己的想法。相反，如果你认为自己能力不足，不够优秀，你可能会表现得有些退缩，比如避免与他人眼神接触，不发表任何观点，等等。这里的重点就是"你认为"，你如何看待自己，会直接影响你做出的行为。

画出我自己

在这一页的空白处画出你自己。在你心中，你的形象是什么样的？请画出你的全身像。

在这幅画中，你的发型是什么样的？五官如何？表情怎样？你穿着什么样的衣服？摆着什么姿势？尽可能详细地描绘，加入你能想到的所有细节。

本书中的任何绘画和书写部分都不需要技巧，你可以随心所欲地创作。这里没有标准答案，每个人的表达都是独特的，你只需画出你真实的所思所想。

注：在社交媒体上分享你的反内耗解压笔记作品，带上话题 # 反内耗解压笔记。

向陌生人介绍我自己

六个维度形容自己

如果你要向一个陌生人介绍自己，你会怎么说？通过以下六个方面形容自己。

根据这些维度，尽可能详细地描述自己，展示你独特的一面。

● 外貌和性格

● 学业/事业

● 能力/特长

● 家庭/人际

● 情感

● 其他

认知差距是如何形成的

我们是带着这些想法出生的吗？不是。

这些想法是通过后天的经历和教导形成的。

认知主要来自家庭的养育方式、成长环境和早期经历。越早经历的事情，越容易影响认知的形成。正是这些从小到大堆积的经历，塑造了我们对自己和世界的看法。

也许你还没有意识到问题的严重性。下面让我举例说明。

有一对父母实行"打压式"教育，对孩子十分挑剔。一旦孩子犯错，他们就狠狠地批评，指责孩子不听话、不懂事、给大人带来麻烦；而当孩子做得好或取得成就时，他们却很冷漠，认为这是理所应当的。

家长的挑剔和愤怒让孩子逐渐形成了"是我不好，我没有价值"的认知。这种认知会伴随着他进入成年，并影响他今后的人生。

未来的他可能对自己缺乏自信，不敢为自己争取机会；当遇到像父母一样强势、蛮横的领导时，他可能只会服从或逃避。也许有一天，他会因为从事不喜欢的工作、拿着不满意的工资而感到失落，心里愤懑，却对这样的生活无能为力。

人生的现状往往源于你的认知和信念。学习成绩如何、拿着多少薪酬、住什么样的房子、和什么人相伴，都与你的信念体系密切相关。你的信念塑造了你看待和回应世界的方式，驱动着你的一举一动，最终引领你走向特定的生活。

认知来自过去，别让过去制约你的未来。

很多时候，我们难以辨别他人行为的真实意图，便认同了对方的态度，将其内化为自己的问题，认为是因为自己犯错了、自己不够好，才导致对方如此不合理地对待我们。但实际情况可能并非如此，那些喜欢操控他人的领导是想通过让你产生内疚和自责的方式来更好地控制你；而那些发脾气的人也许是因为无法忍受自己的无能，所以把对自己的不满发泄到他人身上。

难道信念一旦形成就无法改变了吗？当然不是。本书的核心就是帮助你改变这些负面的信念。

让我们看看下面这个例子。

> 数学是令很多学生头疼的科目。很多学生在学习过程中遇到困难，或者考试成绩不理想时，会给自己贴上"我数学不好"或"我就是学不好数学"的标签。这种标签让他们更加抵触数学，对这门学科产生畏难情绪，甚至一看到数学就烦，更别说静下心来专心学习了。结果是他们越不学，成绩就越差，成绩越差就越不想学，最终"我数学不好"变成

了一种自我验证的预言。

如果学生在学习过程中，做对了一道数学题或取得了一点进步，有人对其进行鼓励说"你看，你的数学其实学得很好"，那么学生对数学的看法可能会改变，从对数学无能为力的感觉转变为"我有能力学好数学"，从而找到学习的动力，树立信心。

关于我的二三事

我喜欢的食物	我喜欢的饮料	我喜欢的天气	我痴迷的事
我喜欢的颜色	我最重要的物品	在旅途中，我会做	一个人时，我喜欢做
我最喜欢的事	我最讨厌的事	我擅长	我不擅长
我在说什么时会兴高采烈	我的爱好是	我喜欢的季节	我去餐厅时总会点的菜
我喜欢的城市	我喜欢的运动	我喜欢看什么类型的书	我最喜欢家里的哪个角落

不自信的根本原因

也许你读过许多关于自我提升的文章或提升自信的书籍，但你是否感到改变只是暂时的？或许在短期内，你会感到焕然一新，充满动力，但从长远来看，生活并没有真正改观，你依然在原地徘徊。

因为认知来源于过去的经历，不自信的一个原因就是缺乏足够的正反馈，就是成功的经历太少了。因此，如果不改变经历，我们就无法改变根深蒂固的信念。

如果你希望建立自信，那就要增加那些能带来自信的经历，从而塑造自信的自我认知。如果你想克服社交恐惧，那就要多积累愉快、轻松的社交经历，最终形成"社交是一种享受"的信念，如图 1-2 所示。

图 1-2　自信是如何形成的

早年的成功经验，无论在比赛中获奖还是独立完成一项任务，抑或是任何拔得头筹的体验，都会给我们带来胜利感和成就感。除了这些大的胜利，在日常生活和学习中，家长若能在孩子取得进步和成就时给予合理的表扬，也是一种重要的正向反馈。这种正向反馈帮助我们从小树立"我可以""我做得到"的信念，建立对自己能力和努力的稳定认知，并增强对自己的信任。

然而，很多孩子在成长过程中缺乏这种正向反馈。这种成长氛围会让孩子产生无力感，觉得努力了也未必能获得好结果。

如果你在过去缺乏正向反馈，不必担心，你可以通过后天来创造这样的经历。

你可以在任何领域通过大量科学的练习来取得一些成绩。找到一个适合你的领域和方向，无所谓大小，任何技能、乐器、健身活动、穿着打扮、早起等，然后开始学习和练习，慢慢地，你会取得一些收获。随着时间的沉淀，你会逐渐和他人拉开差距。这个领域上的成就和积累就是你信心的基座。

其间最重要的就是坚持。很多人之所以不自信，一个原因就是总半途而废，这反过来又会加重自己的不自信，认为自己什么都做不好。因此，坚持非常重要。

即使进度缓慢，只要你不断前进，今天的你就会比昨天的你进步一点。在前进的过程中，你的行动和积累的小成就将逐渐改变你对自己的看法。当量变达到质变时，你的小成就将带来切实的成果，那时你将发现自己已经蜕变成了一个和从前不同的人。

如果我自信了会怎样

❤ 如果我是个非常自信的人，我的生活会有什么不同

_____
_____
_____
_____

❤ 如果我是个非常自信的人，我的行为方式会有什么不同

_____
_____
_____
_____

❤ 如果我是个非常自信的人，我的感受会有什么不同

_____
_____
_____
_____

成大事前，先研究自己

你缺的不是能力，而是认知

> 想象这样一个场景：在餐厅用餐时，你只吃了一半就叫服务员结账。服务员看到你盘中的食物还剩一半，便问道："您不吃了吗？"
>
> 对此，不同的人可能会有不同的理解：
>
> - 有的人会觉得，服务员想确认自己是否打算继续用餐；
> - 有的人会认为，服务员在关心自己的用餐体验，也许还想征求自己对食物的建议；
> - 而有的人则可能会想，服务员在责备自己浪费食物，因为自己没吃完。

为什么面对同样的情景，不同的人会产生截然不同的看法？

信念大树

每个人心中都有一棵信念大树，这是一棵神圣而独特的大树，它源自我们从小到大的经历，深深影响着我们对自我和世界的看法，决定了我们会怎么想、怎么说和怎么做，如图 1-3 所示。

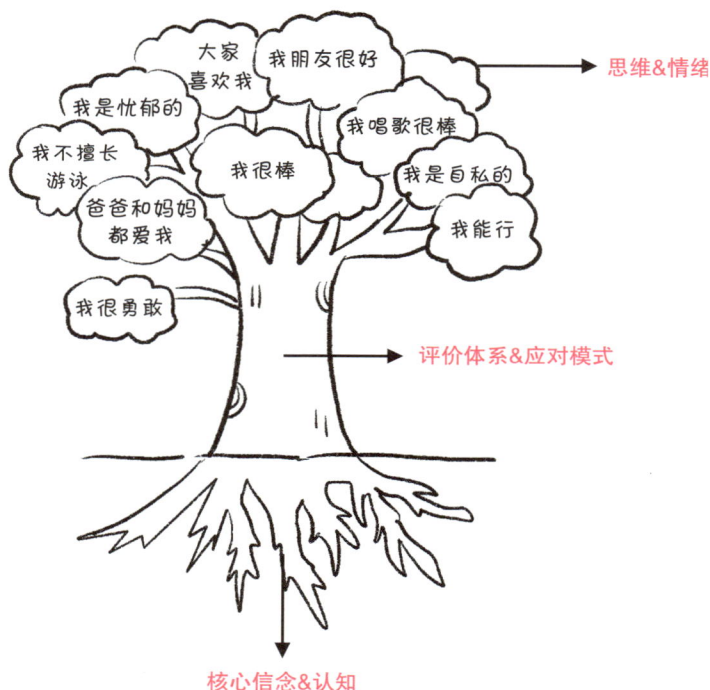

图 1-3　信念大树

这棵信念大树的树根、树干和树叶分别对应了认知的三个等级：核心信念、中间信念和自动思维。正是这环环相扣的三股力量，深刻影响着我们的想法和观念。

- **核心信念**就像大树的根，牢牢扎根于土壤中。这些根来自我们的童年，盘根错节，虽然我们平时看不见，但它们代表了我们对自己和对世界最核心的整体认知与看法。

- **中间信念**则如同树干，负责传达核心信念的指令，支撑着我们在生活中做出各种应对策略。

- **自动思维**则是那延伸到空中的枝丫和树叶，就是大脑中时时刻刻产生的想法和念头，是我们对每件具体的事和每个具体的情景产生的看法。

因此，树根的状况决定了这棵大树的成长。如果这棵大树的核心信念是"我是美好的，世界也是美好的"，那么它的树叶就会反映出积极的想法，比如"我能胜任这项任务"或"我很棒"。但如果这棵大树的核心信念是"我不够好"，那么长出的树叶可能会是"他人不喜欢我"或"我不配"等负面想法。

例如，一个人早年成长于充满打击和否定的环境中，他的心中就种下了"我不够好"的种子，这颗种子在心灵的土壤里生根发芽，长成了负面认知的大树，这就是他的核心信念。这个核心信念会影响他在各个方面的反应和行为。为了配合"我不够好"的核心信念，他会形成一些心理策略，比如"我不能犯错""我必须做到完美""我需要讨好他人"等，这些策略就是中间信念。

·······································

如果有一天，这个人在工作中遇到了难以解决的问题，他可能会下意识地认为"这件事我做不好，做不好领导就会不高兴，然后我在公司就干不下去了"。这种想法就是自动思维。自动思维会根据核心信念设定的基调，在任何情景中自动输出一系列想法。当核心信念是负面的，那么输出的想法往往是不断地否定自己，甚至攻击自己。

信念重复 1000 遍，就变成了命运

核心信念是我们对事物的整体认知，根植于我们的内心深处，是那些根深蒂固、难以动摇的观念。这些信念通常在童年经历和成长过程中逐渐形成，它决定了我们如何看待自己、他人及整个世界。

这些核心信念一旦形成，就像小时候有人在你的大脑里植入了一种"芯片"，很难改变。有的芯片内容是"我很优秀"，有的则是"我很糟糕"。有趣的是，我们很少质疑这些芯片上的

内容是否正确，并且毫无保留地接受它们。同时，我们还会根据这些信念来行动和反应。相信"我很优秀"的人会表现得自信和大胆，而认为"我很糟糕"的人则会显得退缩和胆怯。

因此，我们在某种程度上不过是被核心信念操纵的提线木偶。

对自我的核心信念通常包含以下三个维度。

能力维度	关系维度	价值维度
我是有能力的	我是可爱的	我是有价值的
我是无能的	我是不可爱的	我是没有价值的

- 在能力维度上，一个认可自己能力的人会勇于探索，敢于接受挑战；而认为自己无能的人则害怕走出舒适区，常常看着机会从身边白白溜走。

- 在关系维度上，一个觉得自己可爱的人会主动结交新朋友、享受社交，而认为自己不可爱的人则可能认为他人不喜欢自己，因此也不愿意与他人交往。

- 在价值维度上，一个人如果相信自己的价值，即使还没有取得成就，也会坚信总有一天自己会发光发热；而认为自己没有价值的人，即使取得了成就，也会有种不配得感，觉得那不过是幸运罢了。关于自我的核心信念如图 1-4 所示。

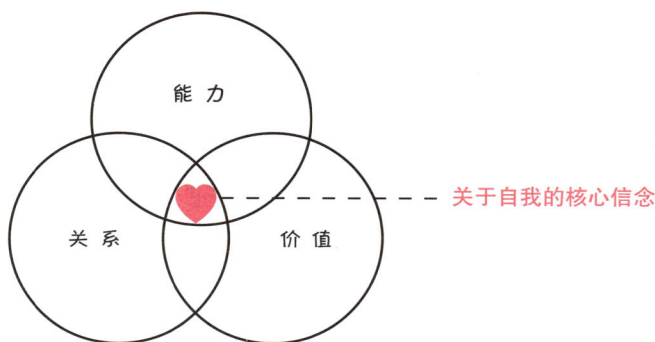

图 1-4　关于自我的核心信念

在下面的两个端点之间，你更倾向于哪一边？根据你对自己认知的程度，圈出最符合你感受的数字。举例来说，在第一个选项中，1 代表你认为自己非常可爱，3 代表中间态度，5 代表你认为自己完全不可爱。

通过选择这些数字，你能更清晰地了解自己在不同方面的核心信念。这将帮助你识别那些潜在的、自我设限的观念，并为改善自我认知提供方向。

我如何看待自我、他人和世界

关于自我的核心信念

我非常可爱	1	2	3	4	5	我不可爱
我能力超群	1	2	3	4	5	我能力不足
我非常有价值	1	2	3	4	5	我毫无价值
我是安全的	1	2	3	4	5	没有人保护我
我非常受欢迎	1	2	3	4	5	别人都不喜欢我

关于他人的核心信念

他人是友善的	1	2	3	4	5	他人是充满敌意的
他人是亲近的	1	2	3	4	5	他人是冷漠的
他人是尊重别人的	1	2	3	4	5	他人是霸道无理的
他人是平易近人的	1	2	3	4	5	他人是难相处的
他人能够理解别人	1	2	3	4	5	他人无法理解别人
他人是乐于助人的	1	2	3	4	5	他人是粗鲁的

关于世界的核心信念

世界是充满希望的	1	2	3	4	5	世界是无望的
世界是安全的	1	2	3	4	5	世界是危险的
世界是稳定的	1	2	3	4	5	世界是动荡的
世界是开放的	1	2	3	4	5	世界是封闭的
世界是充满机会的	1	2	3	4	5	世界是没什么可能的

信念是如何形成的

你已经意识到，核心信念一旦形成，就会深深根植于自己的内心，改变起来并不容易。那么，这些信念究竟从何而来呢？

俗话说，冰冻三尺，非一日之寒。从你出生的那一刻起，你便开始接受来自养育者①、周围的其他人及环境的影响。他们对你的回应及你们之间的互动方式，都会塑造你的认知。刚出生的你，大脑如同一张白纸，外界的反应和刺激就像在这张纸上留下了一笔笔浓墨重彩的文字和图像，构成了你最初的世界观。

他人的评价

在我们的童年时期，总有一些固定的人在我们身边，他们在我们的生命中扮演着重要的角色，可能是主要养育者，比如父母；也可能是爷爷奶奶、兄弟姐妹、其他亲近的亲属或者老师。这些人被称为我们生命中的"重要他人"。他们至关重要，

---

① 养育者：养育者可以是父母，也可以是家中照顾孩子的其他长辈或者年长的哥哥姐姐。

因为他们的评价、反应和期待直接影响了我们对自己的看法。

❥　童年时，他人如何评价我

小小的我们来到这个世界上，怎么意识到自己是好还是不好呢？我们会通过长辈和重要他人的评价形成对自我的认知。一个孩子如何看待自己，很大程度上取决于他从这些评价中得到的反馈。

想象一个 5 岁的孩子不小心打翻了一盒牛奶。一位家长可能会严厉批评孩子，指责他"不懂事、不听话"，甚至说他"就会捣乱"。这时，孩子还小，无法理解父母的情绪背后的原因（即父母可能是因为他们自己的焦虑才发脾气的）。孩子只会认为自己不好，父母不喜欢自己，这样的负面种子便在心中悄然生根发芽，形成了对自我的负面看法。长大后，孩子可能会因为这个信念而害怕犯错。

而另一位家长的反应则截然不同。他并没有大惊小怪，而是轻声告诉孩子没关系，然后教他如何处理洒了的牛奶。这种做法让孩子意识到，打翻牛奶并不可怕，犯一点小错误再正常不过了。因此，孩子建立了"我可以，我有能力处理问题"的信念，树立了对自己的信心。

小时候，我的父母会说……

⭐ 小时候的我打翻了一盒牛奶，我的父母会怎么说、怎么做

_____

_____

⭐ 当我做对了一件事时，父母会对我说

_____

_____

⭐ 当我没有取得好成绩时，父母会对我说

_____

_____

_____

⭐ 当我取得好成绩时，父母会对我说

_____

_____

_____

❥　家人对我的期待

家长对孩子有期许本是好事，但有时他们的期望过高，或无法接纳孩子本来的样子，反而总想纠正或改变孩子，这种"期待"会带给孩子压力，让孩子不能接纳和表达真实的自己。

> 比如，有些女孩性格活泼，表现得像"假小子"，但父母却希望她更有"女孩子"的样子，于是买来化妆品和裙子，刻意地让她打扮得更加"女性化"。
>
> 而有些女孩到了某个年龄段开始喜欢打扮自己，父母却觉得不应该"臭美"，禁止她们买化妆品和漂亮的裙子。如果把这两个孩子对调一下，估计家长依然会按照相反的方向改造孩子。

童年时期，我们在各个方面都还不成熟，缺乏经验，因此很难理解或应对他人的要求和评价。我们往往会认同正在发生的事情，认为它们就是应该如此。当家长不能接受孩子本来的样子时，这本是家长自己的课题，不关乎孩子到底是什么样的。但孩子可能会理解为是自己不够好，达不到父母的标准，甚至觉得自己的存在都没有价值。而对孩子来说，父母在他们的世界里几乎如同"神"一般的存在。这些评价对孩子而言极为重要，他们当然会全然接受。试想一下，如果你被"神"否定了，难道不会感到难受吗？

举例来说，一位母亲在社交场合中感受到了压力，无法很好地表达自己，为此常常感到苦恼和自卑。当她看到自己的孩子在外人面前也很害羞时，便急躁地批评孩子："你怎么就不能大大方方的呢？"实际上，这种批评不过是她内心对自己不满的投射。许多家长之所以无法接纳孩子的本来面貌，往往是因为他们内心对自己的不接纳。

孩子是一个独立的个体，而不是家长的附属品，也不应该成为家长用来实现自身理想的工具。

你要知道，你无须努力迎合他人的期待，而是要管理他人对你的期待阈值。他们对你产生期待是他们的事，如果你没有达成，说明对方期望太高了，不是你的事。

父母的期待 VS **我的期待**

父母的期待	我的期待
父母对我的学业有什么期待	我对我的学业有什么期待
父母期望我从事什么职业	我希望从事什么职业
父母期望我找一个什么样的伴侣	我希望找一个什么样的伴侣
父母期待我成为什么样的人	我期待我成为什么样的人
父母期待我过什么样的生活	我期待我过什么样的生活

在回答这些问题时，也许你会发现，父母希望我们过上安稳、符合社会主流的生活，但我们心中渴望的却是自由与探索世界的机会。

与他人的比较

我们天生就有一种认识自我的好奇心，所以我们总会与他人比，与同辈比。从小到大，我们总在进行一种无形的比较。这种比较不仅让我们了解自己，也塑造了我们的自我认知。

> 小时候，我们和同学比成绩。如果成绩不如人，便会觉得自己不够优秀。
>
> 长大后，我们比车、比房、比存款、比社会地位，仿佛只有在这些外在条件上与他人持平或超越他人，才能找到内心的平衡感。
>
> 甚至，我们还会在外貌、穿着、举止上与他人比较，总在无形中衡量自己。

更重要的是，我们不仅比较自己拥有的东西，还会比较自己与他人受到的待遇。例如，当一位老师对成绩优秀的学生满面笑容，而对成绩较差的学生态度冷淡时，那位成绩较差的学生可能会因为这种区别对待，误以为自己不值得被喜爱、不如他人。

不要以为孩子不懂、感受不到。孩子虽小，但他们都能敏锐地感知长辈的态度，并深深地"吸收"。

❥　学会不比较

如何从这种无休止的比较中解脱出来？学会不比较是关键。

要意识到人和人之间的差异非常大，是没有可比性的。星空之所以美丽，是因为每一颗星星的大小、颜色、亮度、形状都不同。也正是因为每个人的不同，才让这个世界多姿多彩。你只有成为你，才能让这个世界更加闪烁。

而且，当今的社交媒体极大地加剧了我们与他人比较的心理。过去，我们的比较范围局限于身边的人。而现在，通过社交媒体，我们能够轻松看到全国甚至全球的人。这种无形的对比让我们对自己的生活感到不安，特别是当我们看到他人生活得比我们好很多时，内心难免产生不平衡感。

然而，我们往往忽视了一个事实——在社交媒体上，人们展示的多是自己生活中最光鲜亮丽的一面。真正的生活往往包含许多不为人知的困扰和挑战，这些内容很少被分享。因此，社交媒体上的展示不完全代表他人的真实生活，只是经过精心修饰的部分。

为了避免这种比较心理的负面影响，减少对社交媒体的依赖是一种有效的措施。通过降低与他人的比较，我们能够更加清晰地认识自己，专注于自己的成长与进步，而不是被他人的表象所困扰。

除了与他人比较，我们还会与自己的预期进行比较。

> 比如，在大学期末考试结束后，某位学生对自己的成绩预期不高，最多 60 分。结果他考了 75 分，因此他感到喜出望外。
>
> 而另一位学生同样考了 75 分，但他当初定的目标是 90 分，因此对成绩感到十分失望。

这并不意味着我们应该降低预期，而是要合理调整预期，既看到努力的过程，也看到自己进步的空间。通过与自己的过去相比，而不是与他人或不切实际的期望相比，我们能更客观、更准确地看待自己，从而找到真正的自我价值。

找到自我价值

什么人会让我羡慕

他人会羡慕我什么

创伤事件的影响

创伤事件是指那些使个体感到极度痛苦、恐惧和无助的经历，如父母离异、被寄养、身体残疾、被虐待（包括身体和心理虐待）及早年频繁搬家等。任何对个体造成深远负面精神影响的事件都可以被视为创伤事件。这些事件不仅对个体造成毁灭性的打击，还会影响其自我信念的形成。

在儿童时期，当孩子面对这些超出其承受能力的创伤事件时，他们通常没有足够的能力去应对，没有人会告诉孩子到底发生了什么，以及该如何处理。因此，他们往往只能被迫接受这些事件，并将其内化为自我否定的信念。例如，一个孩子可能会认为"父亲离开是因为不喜欢我"或"因为我身体不好，所以他人不愿意和我玩"。这些内化的信念会深刻地影响孩子对自我价值的认知。

童年创伤事件是如何影响我们的

首先，它会带来一种长期的不安全感，让人心里对这个世界充满恐惧和不安，但是找不出原因，这就形成了"这个世界不安全"的核心信念。

其次，导致自我概念模糊，让人不能客观、公正地看待自己的优点和缺点。比如，童年经常搬家和转学的孩子本该在和环境的互动中逐渐形成自我概念，但是频繁地更换环境让他们花大量的精力应对新环境，没有条件形成稳定的自我认知。

最后，让人不会表达自己的感受。在强势、愤怒或是抑郁氛围的家庭长大的孩子，即使说出自己的需求也不会得到回应，久而久之就开始忽视自己的感受，不会表达情绪，而是压抑情绪。

创伤事件的影响深远，破坏性极大，它们常常会在个体的心里留下持久的痕迹，让一个人很多年仍然走不出来。这类事件很容易让个体形成负面核心信念，虽然随着时间的推移，对创伤事件的具体记忆可能会逐渐淡化，但当时体验到的强烈情感会深深嵌入身体记忆中，影响个体成年后的情感体验和行为模式。

早年形成的核心信念决定了你会成为什么样的人，过怎样的人生。遭受创伤的人有时很难获得巨大的财富，是因为内心的匮乏和不自信像一个大洞。这个洞一方面让他们错失机会和资源，另一方面让他们花费大量的时间处理情绪，难以集中精力专注于做事。

小时候体验到的最强烈的情感会转化为成年后的常态体验，形成持久的心理影响。

有些人即使已脱离了原来那个环境，但伤痛的印记仍在。

由于童年的伤害，在面对现在的情境时，人依然会沿用过去的模式。比如，曾经受过父母谩骂的人，即使身处和谐的工作环境，仍会每天紧张兮兮的，因为害怕领导会像父母一样责骂自己。

除了以上因素，还有个体的先天性原因等。比如，出生时的行为和反应倾向性也可能对认知发展和信念形成带来影响，但这些暂不在本书讨论的范围内。

我们不难看出：

- 父母的语言有着决定孩子命运的力量；
- 从小的养育方式直接关系到个体的心理健康；
- 毫不夸张地说，许多心理问题的源头，往往都来自童年和家庭。

早年成长过程中形成的负面观念就像一根深深扎在心里的刺，时间久了，这根刺已经和心融为一体，难以拔出来。当它被触及时，会让我们痛苦不堪。但更多的时候，我们已经习惯了这种隐隐作痛的感觉。

然而，本书的意义就在于帮助你看到那根刺，并逐渐软化它，与它分离。通过将负面的核心信念转变为积极的信念，你可以重获内心的自由。

我的电影剧本

你的人生就是一场由你主导的电影，主角是你，编剧是你，导演也是你。你脑海中产生的想法、感受和信念，逐步塑造了你人生的剧情。你当前的生活状态，是你内心意识的投射。你周围的人、财富、事业、伴侣和家庭，都是你内心剧本的体现。

有些人编写了一部充满幸福的剧本，他们的生活因此充满了快乐与成功。

另一些人则编写了充满痛苦的剧本，他们的生活中可能充斥着挑战和困难。

现在，停下来思考一下，你目前的剧本是什么样的？

- 角色的设定：你是如何塑造自己及你生活中其他角色的？

- 剧本的情节：是充满激情和冒险，还是充满挫折和无奈？

- 生活的场景：你的生活舞台是繁华还是冷清？

通过反思这些问题，你可以更清晰地理解自己当前的剧本，并有意识地调整剧情发展。

写下你目前的电影剧本。

我的电影剧本

信念引发的心理策略

前文中提到核心信念是一个人最深层次的认知，那么中间信念就是建立在核心信念基础上的认知和看法，主要负责执行核心信念设定的"主基调"。核心信念为我们的总体思维模式定下主题，而中间信念则依据这一主题制定具体的应对策略。

如果一个人的核心信念是"我不够好"，那么可能产生的相应的中间信念有以下两种。

- 完美主义：因为"我不够好"，所以我必须做到事事完美，不能有任何差错。

- 外部认可的重要性：因为"我不够好"，所以他人的评价显得格外重要，他人认为我好，我才会认为自己是好的。

在实际工作中，这种中间信念可能会导致以下自动思维，如图 1-5 所示。

- 核心信念："我不好"
    - » 中间信念："我必须保持完美；他人的评价至关重要。"

— 遇到问题后的自动思维："我感觉自己失败透顶；如果领导不满意，我就会被解雇。"

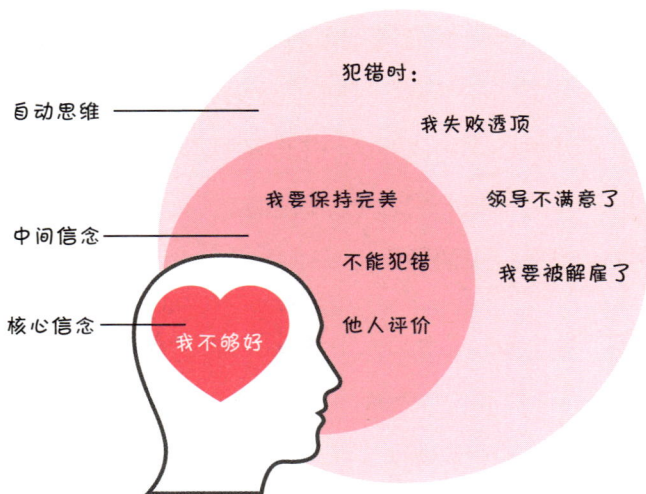

图 1-5　遇到问题后产生的自动思维

这种思维模式可能会导致过度的自我压力和焦虑，因为中间信念不断强化了对自我能力的负面评估，同时对外部评价的依赖使个人在面对挑战时更加脆弱。

过度思考就是浪费时间

> 早晨九点，公司每周的例会即将开始，会议室里所有人都已经到齐，等候领导的到来。这时，你突然发现忘记了准备一份工作文件，顿时，一丝紧张划过心头，脑海中浮现出一连串的念头：
>
> "完了完了，一会儿怎么汇报啊！"
>
> "万一讲不明白怎么办？"
>
> "讲不好，领导会不会不高兴？"
>
> "同事们会觉得我能力不行吧？"
>
> ……

这就是自动思维在作祟。

为什么我总是想太多

当我们遇到某些情境时，大脑里会不受控制地冒出一些想法，这些想法就是所谓的"自动思维"。

自动思维如果是一些消极的自我暗示，即每当我们遇到一些具体的事件时，大脑里会自动地涌现出一连串的想法。这些想法不是我们经过深思熟虑后得出的结果，也不是我们通过主动思考得出的结果，而是不受控制、自动产生的，往往带有负面的色彩。这些思维不仅会影响我们的情绪，还会引发一系列的生理反应。

在上面的例子中，当你意识到自己遗漏了一份工作文件时，本可以理性地思考问题的解决方案，比如，用会议开始前的时间梳理内容，或者根据现有的资料尽可能地进行汇报，甚至向领导说明情况并承诺后续补充汇报，这些都是通过主动思考得出的积极应对策略。

然而，与这些理性思考背道而驰的是自动产生的负面念头——"无法完成汇报""领导会不高兴""同事们会看轻我"，这些灾难性思维并不是我们有意思考的结果，而是大脑自动涌现的反应。

以下是一些常见的自动思维模式。

- **事情发展不顺利时**："为什么我总是失败？""为什么倒霉事总是发生在我身上？"
- **遇到困难时**："我做不好。""我没法重新开始。"
- **犯错时**："他人会嘲笑我。""我不如他人，我低人一等。"

如何扭转负面思维

核心信念就像注入大脑的芯片，而自动思维则是芯片输出的一串代码。这意味着我们的大脑已经被"编程"，这些思维不过是根据固有程序自动生成的代码。我们无时无刻不在产生各种想法，并且已经习惯了被思绪填满大脑，因此很难察觉其中的负面想法。

令人讽刺的是，尽管我们拥有高级智慧，能够解微积分、设计高楼大厦、完成各种复杂任务，但我们却常常无法辨别这些想法的真实性。一旦这些"想法"出现，我们倾向于全盘接受，仿佛接到了不可质疑的命令。例如，考前感到极度紧张，大脑不断涌现"要考砸了""考砸就完蛋了"的念头。你不仅不会质疑这些想法（比如，"我之前的考试成绩都很好，我的能力没问题"或"即使考不好，下次还可以努力"），反而会全身心地认同自己会考砸的想法，随之感到紧张和害怕。

消极的自动思维往往会扭曲我们的现实认知，让我们仿佛透过哈哈镜看世界，看到的只是歪曲的影像。这些自动思维会让我们陷入一种负面情绪中，甚至影响我们的行动和决策。认识到这些思维的自动化和扭曲性是改变的第一步。我们可以通过练习觉察和重新评价这些自动思维，逐渐从负面的思维习惯中解脱出来，进而改善我们的情绪和行为。

那么，如何识别并有效应对这些负面的自动思维，当它们出现时把它们逮个正着？一个简单有效的方法就是"标记"它们。

当你发现自己陷入思绪万千的状态时，试着像一个旁观者那样观察这些想法。你需要做的不是与这些想法纠缠，而是标记它们，承认它们的存在，然后让它们自然地流过，而不是被它们带走。

想太多怎么办

下面的练习可以开始标记你的想法。从现在开始，试着练习以下步骤。

1. 觉察：意识到你的想法。此时此刻，你脑海里正在浮现什么样的想法？可能是关于某件你担心的事，也可能是对某个人的评价。无论是什么，首先意识到这些想法的存在。

2. 贴标签：给想法贴上标签。当一个想法出现时，不要试图分析或改变它，而是简单地给它贴上标签。比如，"这是一个令人担忧的想法""这是一个自我批评的想法""这是一种对未来的焦虑"。通过标记，你能够以一种不带评判的态度观察这些思维。

3. **接受：接受并放下**。标记之后，接受这个想法的存在，但不要继续深入。就像你看到一片浮云飘过，不需要追随它，等它自然飘走即可。

4. **回到当下**：标记和"放下"想法后，将注意力带回到当下的任务或体验中。通过这种练习，你能够逐渐减少自动思维对你的影响，如图 1-6 所示。

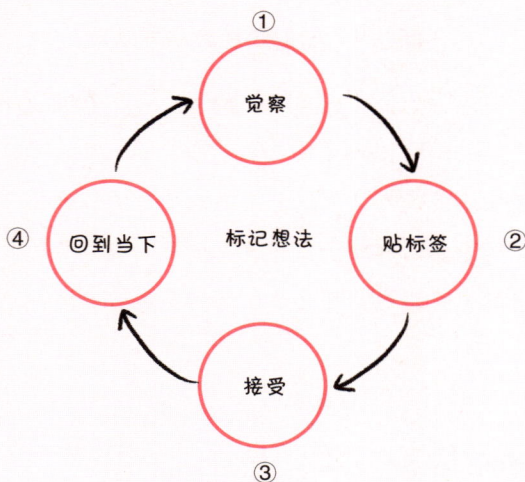

图 1-6 标记想法的四个步骤

这种标记的方法是一种练习心智觉察的方式，通过不断练习，你可以更好地识别和管理负面的自动思维，从而改善情绪和心理状态。

还有一种识别自动思维的方法：**辨别**。

当你的大脑又开始胡思乱想时，问自己以下两个问题（见图1-7）。

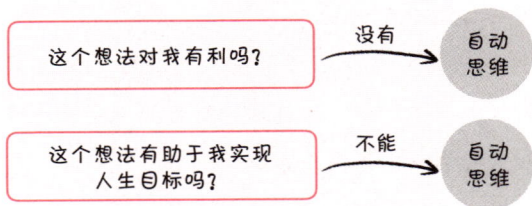

图 1-7　如何辨别自动思维

（1）这个想法对我有利吗？对我正在做的事有帮助吗？

如果答案是没有，那这个想法就是自动思维。

（2）这个想法有助于我实现人生目标吗？

如果答案是不能，那这个想法也是自动思维。

低维度勤奋，不如提升认知

认知重构

一个人最伟大的探索，是向内的探索，即对自我的探索。

"我思故我在"，意味着当我们在思考问题时，我们必然存在。这句话认为自我和思想高度一致，我就是我的思想和意识。那么，我们是否真的等同于我们的思想？

实际上，我们的思想、认知和想法并不完全等同于我们自己。

真相应该是"我观故我在"。

$$我思 \neq 我在$$

$$我观 = 我在$$

"我观"中的"观"指的是观察和觉察，是指我们对思维、事物和自我的认识。我们不是想法，而是想法背后的存在；我们不是念头，而是念头的观察者。从前文中，我们得知经历塑造了认知，认知产生了自动思维，思维和想法带来了情绪，情绪又引发了行为。因此，"我思"未必能完全代表我们自身，而"我观"才是真正的我们。

觉察认知，能够帮助我们识别哪些信念对我们有利，哪些则无益，这才是真正的处事智慧。

先创造经历，再建立信念

经历先于信念而存在。信念通过反复的经历逐步积累而成。

有些经历源自童年，有些则来自成长过程中的点滴体验，甚至是你当前正在经历的事情。因此，想要改变信念，就必须从改变"经历"入手，如图 1-8 所示。

信念形成的过程：

——你经历了一些事；

——这些事产生了记忆、感受和情绪；

——这些感受形成了自我认知；

——随着更多经历的累积；

——认知不断得到强化；

——最终塑造了你的信念。

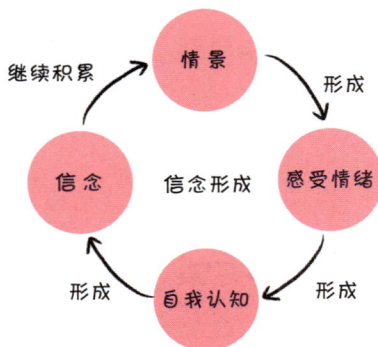

图 1-8　信念的形成

也许我们曾经积攒了太多的负面经历，导致形成了"千疮百孔"的、消极负面的信念。但通过创造新的、积极的经历，我们可以重塑一个全新的信念。这一切，都需要你主动去行动。

例如，老刘在人力和企业管理方面有非常丰富的经验，于是他开始在网上分享知识干货，逐渐小有名气，并且收到机构邀请做线下分享。第一次做讲座时，面对台下的观众，他紧张得不得了，觉得自己全程表现得很僵硬，甚至认为自己"语无伦次"。第二次和第三次讲座的情况也好不到哪去。这严重打击了他的自信心，甚至一度想放弃。然而，主办方的再三邀请让他继续尝试，在第四次和第五次的讲座中，他开始总结经验并调整自己。直到某一次分享结束后，他突然觉得状态非常好，讲得比以前好多了，还产生了一种意犹未尽的感觉。随着一次次的进步，听众和主办方对他的讲座越来越满意，他也从最初持有的"我不擅长做讲座"的消极信念逐渐转变为"我很擅长讲课和分享"的积极信念。这件事从最初打击他的自信，变成了提升自信的来源。

所以，你发现关键点了吗？无论积极的信念还是消极的信念，都是可以被形成、被修改、被重塑的。

既然我们能够形成负面的信念，我们同样也能形成积极的信念。要改变信念，首先要从行为入手，通过建立新的经验，来产生新的信念。

认知是通过经历在大脑中搭建的神经回路形成的。重复的认知就是在加深已有的回路，新的认知就是在构建新的回路。所以，我们可以用新的认知回路代替旧的认知回路。认知行为疗法的核心就是通过建立对自我有益的、积极的想法代替那些导致心理问题的消极想法，从而提升个体的社会适应性。

改变负面的核心信念并非易事。核心信念作为最深层次、最"中枢"的信念，决定了我们的中间信念和自动思维，但它往往很难被察觉。与核心信念不同，自动思维在我们的大脑中非常活跃，时刻在上蹿下跳、"喋喋不休"。因此，我们需要通过观察自动思维，顺藤摸瓜，找出它们背后对应的核心信念，并将那些不利于我们的负面信念转变为积极的信念。

摆脱消极想法的四个步骤

第一步：觉察

修正消极想法，首先需要从觉察自动思维开始。每天按照之前章节关于"标记想法"的方法，记录下自己脑海里自动生成的想法。这些想法反映了你对自己的看法，是理解你内在信念的关键，如图1-9所示。

第二步：找共性

接下来，分析哪些情景会引发情绪反应，找出这些情景中的共性。比如：

• 经常给你带来压力的是工作场景吗？

- 人际关系是否让你感到心力交瘁？
- 你是否总在批评自己？
- 你是不是总是很悲观或者担心未来？

通过这些相似的情景和自我评价，你可以找到隐藏在背后的核心信念。

第三步：自我对话

当你识别出这些信念后，开始与自己对话，通过不断发问的形式挑战这些想法。比如在工作汇报中，你自认为表现不好，看到领导严肃的表情后，心里开始担心"我讲得太差了，领导一定对我不满意，给我的绩效打分一定很低"。

这时，你可以通过以下问题进行自我对话。

问：我现在是什么情绪？

答：感觉羞愧、郁闷、担忧。

问：为什么会有这些情绪？

答：因为我觉得汇报做得不好。

问：这意味着什么？

答：领导可能对我不满意，同事们可能认为我能力不足，我可能会被开除。

问：为什么会有这种感觉？

答：因为我觉得自己能力不强，不够好。

通过这样的对话，你可能会发现自己内心深处的信念是"我无能，我不够优秀"，所以一旦遇到问题，就激发了内心认为自己不够好的伤痛，因此不允许自己犯错，对自己非常苛刻。

这就是驱动你产生负面情绪的核心信念。

第四步：挑战想法，转变信念

接下来，继续发问，挑战这些信念：

"这个想法百分之百正确吗？"

"这个想法总是正确的吗？"

"有什么强有力的证据能证明它是正确的？"

你可以继续问自己：

问：有什么证据证明你表现得很糟糕？

答：领导面部表情不好，同事们好像在嘲笑我。

问：但领导面部表情不好，不一定意味着对你不满意。同事们真的在嘲笑你吗？

答：不一定。我可以问问其他人的建议。

问：在这次汇报中，有没有表现好的地方？

答：其实大部分时候都讲得很好。

通过这些问题，你可能会发现，自己的负面思维和信念开始动摇。如果你去询问几位同事的意见，也许会发现他们只记得你表现得很好，而根本没注意到你以为的"错误"。

（我们将在接下来的章节中，尤其是第5章"正念"中介绍更多转变信念的技巧。通过这些练习，你可以进一步修正消极信念，培养更加积极的思维方式。）

摆脱消极想法的　　　四个步骤

01　觉察
观察、"看到"情绪和念头，识别自动思维

02　找共性
产生情绪的情景有什么相似之处
这些想法是在自我评价吗

03　自我对话
抓住自动思维，对念头不断发问

04　挑战想法，转变信念
想法和念头不一定正确
转变信念

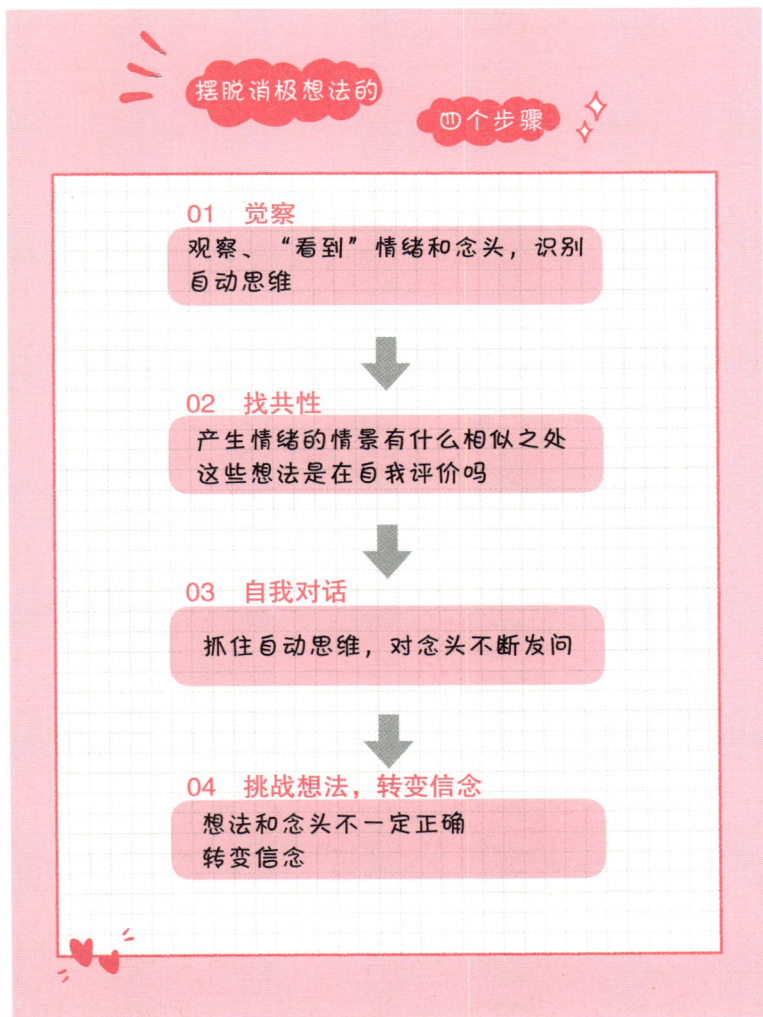

图 1-9　如何摆脱消极想法

记录想法

日期： 记录想法

日期： 记录想法

日期： 记录想法

人生如何"破圈"

认知行为疗法的目标，就是用积极的、对自我有益的想法取代那些消极的、导致心理问题的想法。我们常常被一些负面思维困扰，诸如"我不够好""我做不到""我不配"，等等。这些声音像高高在上的审判者，毫无根据地对我们做出评价，并直接对我们的价值盖棺论定。然而，我们却往往轻信这些想法，认为它们是正确的。

事实上，这些负面思维没有任何实际依据，它们只是源于过去的经历和内心的恐惧。你可能会质疑："我确实做得不够好""我处理得不够妥当""上次考试我确实没取得好成绩"。但是且慢，你不必争辩这些想法的对错。是否"正确"并不重要，也没有人能给出确切答案。

真正重要的是，哪种想法能帮助你走向理想的未来。显然，"我不够好"或"我做不到"这样的思维对实现你的目标毫无帮助。既然如此，不如放下这些困扰，任它们像石子一般沉入海底。将注意力集中在那些能让你变得更有力量、促使你行动并朝目标迈进的思维上。产生想法时，通过识别，判断这个想法是否有利于你实现人生目标。如果有帮助，就留下；如果没有帮助，就让这个想法"流"走吧，如图 1-10 所示。

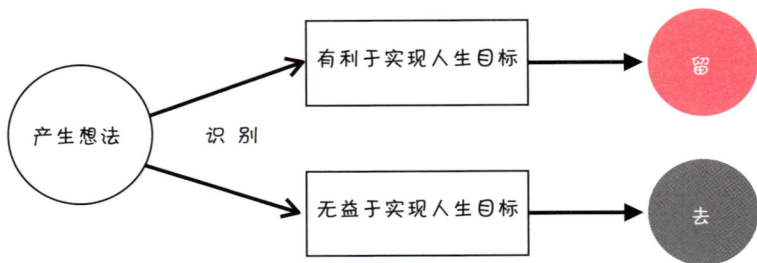

图 1-10　识别消极想法

我的宣言

"我相信自己是有爱的、有能力的、有价值的。

我无条件地接纳自己。"

以上的宣言，请你在一个人的时候大声朗读出来。宣言的核心在于接纳自己，认识到自己内心的多面性，并且通过坚定的信念塑造自己的未来。

你可以随时朗读这段宣言，特别是在感到迷茫或需要鼓励的时候。这将帮助你强化内心的信念，让你更加确信自己的能力和价值。同时，这也能提醒你，无论生活中遇到什么样的困难或挑战，都要相信自己可以克服，并且勇敢地向前迈进。

接受我既是好的，也可以是糟糕的；

我既是快乐的，也可以是忧郁的；

我既是自私的，也是乐于付出的；

我既是恐惧的，也是充满勇气的。

　　我们不需要做一个百分之百快乐的人，我们不需要解决所有问题，我们可以与问题并存，因为那是组成我们的一部分，那是你之所以是你的原因。

　　我们是人类，是人类就会产生负面的想法和情绪。即使是世界顶尖运动员，也几乎在每场比赛中都会经历自我怀疑和恐惧。我们不是要扼杀一切负面的东西，而是看到它，正视它，然后掌控它，恢复你的状态，而不是受到负面情绪的摆布。

关于我的信念

我应该多做的事 _____

我应该少做的事 _____

哪些关于自我的信念不再对我有利 _____

我一直害怕对自己承认的真相是什么 _____

我脑海里哪些思想阻碍我去做我最想做的事 _____

我一直忽视了自己的哪些需求 _____

如果我的人生是一本书，当前的章节是什么内容 _____

我想创造什么 _____

我的好奇心会把我带向哪里 _____

朝着目标，我的下一步该做什么 _____

理想的我是什么样的

我们在第一节画出了你眼中的你，现在你已经知道哪些思维和认知在束缚你了，所以暂时放下这些束缚，抛开一切限制，想一想最理想状态下的你是什么样的？

在描绘理想中的自己时，可以放飞想象，设想自己在最美好的状态下所展现出的特质、能力和生活方式。这个"理想的你"不受任何限制，是你所希望成为的最好的自己。把TA画出来吧！

画完之后，从这几个维度来描述这个"理想的我"具体是什么样的，写在下方的手账中。通过这些问题，更加形象地构建出这个"理想的我"。这个过程不仅能帮助你明确自己的目标，还能激发你为实现这些目标而努力的动力。

- **外貌与健康**：理想中的你在外貌上是怎样的？你如何照顾自己的身体和健康？你是否展现出自信与活力？

- **性格与态度**：理想中的你拥有哪些性格特质？你是如何面对挑战、处理压力和与人交往的？你的态度是积极、乐观的吗？

- **能力与技能**：在理想状态下，你掌握了哪些技能？你是否在某个领域成了专家，或是具备了某种特殊才能？

- **职业与成就**：理想中的你在职业上取得了什么样的成就？你从事什么样的工作？达成了哪些职业目标？

- **人际关系**：你理想中的人际关系是什么样的？你与家人、朋友、同事的关系如何？你是否拥有一个充满支持与理解的社交圈？

- **心灵与幸福感**：你理想中的精神状态是怎样的？你是否感到内心平静、满足，并且与自己有良好的关系？

理想的我是什么样的

我希望自己在心灵上

我希望自己在身体上

我希望自己在生活中

我希望自己在工作/学习中

我希望自己在人际关系中

我希望自己在家庭中

我希望自己在感情中

我希望自己在金钱上

反内耗解压笔记

我未来的生活

描绘"理想的我"所过的生活，写在下页的手账中。尽可能具体地描绘出每个细节，可以帮助你更清晰地勾勒出自己追求的目标和生活方式。

生活城市

例如，"理想的我"生活在一个充满文化气息的大城市，如北京、巴黎、纽约、东京，或者一个风景优美的小城市。这个城市不仅有着丰富的文化活动，还拥有良好的自然环境，适合工作和生活……

职业与行业

例如，"理想的我"从事的是一个充满激情和创意的行业，是一名成功的艺术家，在设计领域有着深远的影响；所从事的工作不仅带来了个人成就感……

居住环境

例如，"理想的我"住在一栋现代风格的公寓或一座温馨的别墅里，装饰风格简约而不失高级，充满了个性和创意……

衣着风格

例如，"理想的我"的衣着风格既时尚又舒适，体现了个人的品味和自信。无论职场装扮还是休闲服饰，都是……

日常生活

例如，早晨，"理想的我"在房间里醒来，周围是温暖

068

的色调和精心布置的花艺。床边有一本正在阅读的书，茶几上放着一杯香气四溢的咖啡，窗外是……

身边的人

例如，在"理想的我"身边的是一群志同道合、互相支持的人。伴侣是一个充满爱心和智慧的人，两人彼此尊重、支持，共同追求生活的意义和乐趣。"理想的我"的朋友圈富有活力，常常……

生活方式

例如，"理想的我"过着一种平衡的生活，工作和生活之间有着良好的分配。"理想的我"常常旅行，探索不同的文化和美景；也注重健康，定期锻炼，保持身心的活力。周末可能会去……

内心状态

例如，"理想的我"在内心感到平静、满足，对自己的人生充满信心。"理想的我"知道如何处理压力和挑战，不断成长和进步……

我未来的生活

生活城市

职业与行业

居住环境

衣着风格

日常生活

身边的人

生活方式

内心状态

第 2 章

小情绪，大问题

"未表达的情绪永远不会消亡。它们只是被活埋，并将在未来以更加丑陋的方式涌现。"

——弗洛伊德

摆脱坏情绪的秘诀

情绪不仅是心理层面的反应，还会深刻影响我们的身体健康。为了让你重视情绪问题，先罗列几个实验结果提醒你情绪压力的潜在危害，如图 2-1 所示。

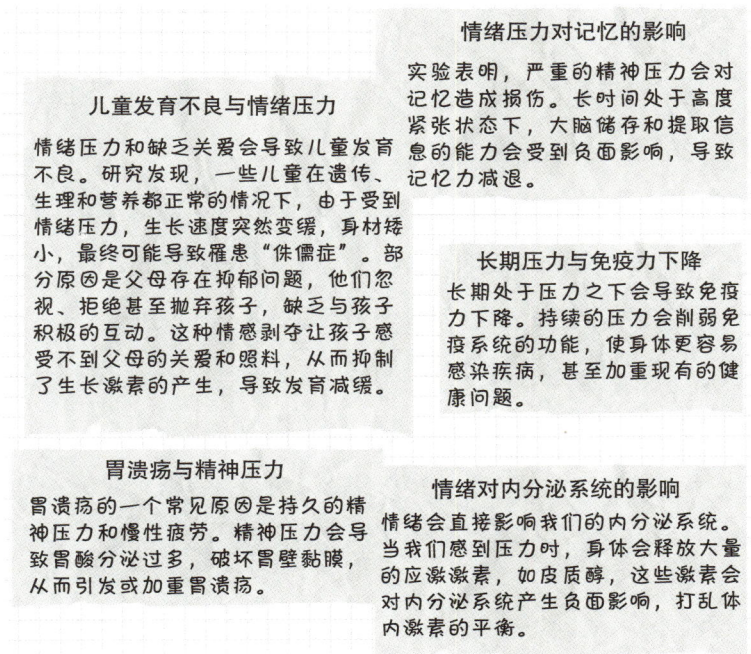

情绪压力对记忆的影响

实验表明，严重的精神压力会对记忆造成损伤。长时间处于高度紧张状态下，大脑储存和提取信息的能力会受到负面影响，导致记忆力减退。

儿童发育不良与情绪压力

情绪压力和缺乏关爱都会导致儿童发育不良。研究发现，一些儿童在遗传、生理和营养都正常的情况下，由于受到情绪压力，生长速度突然变缓，身材矮小，最终可能导致罹患"侏儒症"。部分原因是父母存在抑郁问题，他们忽视、拒绝甚至抛弃孩子，缺乏与孩子积极的互动。这种情感剥夺让孩子感受不到父母的关爱和照料，从而抑制了生长激素的产生，导致发育减缓。

长期压力与免疫力下降

长期处于压力之下会导致免疫力下降。持续的压力会削弱免疫系统的功能，使身体更容易感染疾病，甚至加重现有的健康问题。

胃溃疡与精神压力

胃溃疡的一个常见原因是持久的精神压力和慢性疲劳。精神压力会导致胃酸分泌过多，破坏胃壁黏膜，从而引发或加重胃溃疡。

情绪对内分泌系统的影响

情绪会直接影响我们的内分泌系统。当我们感到压力时，身体会释放大量的应激激素，如皮质醇，这些激素会对内分泌系统产生负面影响，打乱体内激素的平衡。

图 2-1 情绪带来的影响

情绪背后的秘密

人有七情六欲，喜怒哀乐。

情绪是我们对内外事物做出反应时体验到的主观感受，涉及快乐、愤怒、悲伤、恐惧及郁闷等多种体验。这些情绪不仅影响我们的心理状态，还会引发生理反应。

情绪来自生存本能

情绪来自我们的生存本能。大脑中有一个部位"下丘脑"，主要控制着我们的情绪。

在原始社会，人类面临着恶劣的自然环境，如野兽的攻击，生命时刻受到威胁。试想一下，你下一顿饭能不能吃到是个问题，可能会随时被跳出来的狮子袭击，是不是压力很大。

为了应对这些挑战，我们的祖先逐渐演变出了"战 – 逃反应"，即在面对威胁时当即决定是战斗还是逃跑的模式。

下丘脑中有两类神经元，如图 2-2 所示。

- 战斗神经元（抑制性神经元）：控制攻击行为。当原始人遇到身形矮小的猎物时，会决定主动出击，战斗神经元开始发挥作用，让人表现出捕食和攻击的行为，这就是"战斗模式"。

- **逃跑神经元（兴奋性神经元）**：当遇到凶猛的野兽时，原始人心里一掂量，发现自己无法战胜它，于是赶紧逃跑，这就是"逃跑模式"。

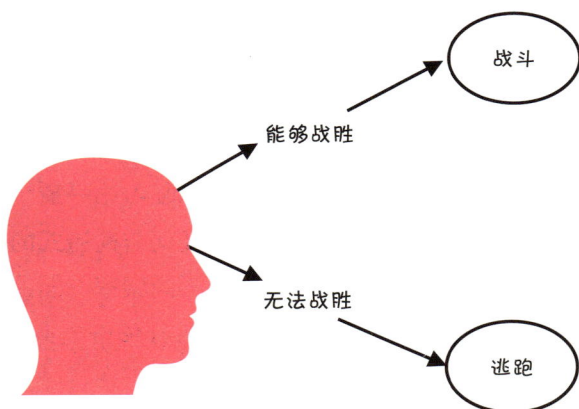

图 2-2 战 - 逃反应

虽然我们生活在现代社会，很少遇到生命受到威胁的时刻，但这些原始的生存本能仍然存在于我们的基因中，我们还是在用"战 - 逃反应"应对日常生活。原始人面对的野兽变成了"随时下达需求的老板"，下一顿饭的问题变成了"孩子上哪所学校的问题"。

我们的神经系统仍然保持着紧张和警觉，处于应激状态。

当我们把眼前的事情看成一种危险，就自然产生了战斗或逃跑的心理反应。

这种持续的应激状态可能让我们在面对日常压力时感到过度紧张和焦虑。理解这一点有助于我们更好地管理情绪，减少不必要的压力和焦虑。

你的第一反应是什么 ✧

- 上课时，老师突然说明天要考试

- 一摸口袋，发现手机不见了

- 下班时间突然收到老板的一条信息

- 在大街上看到一个熟人

- 开会时提出一个想法，遭到了反驳

精神内耗的根源

以下是情绪产生的公式，它决定了你每时每刻会产生怎样的心情，如图 2-3 所示。

情绪公式

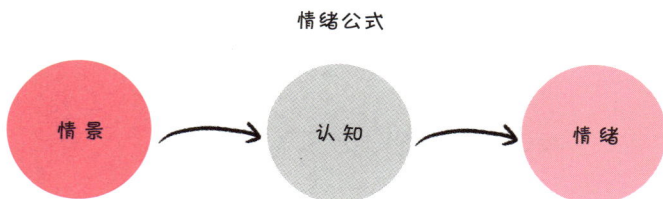

图 2-3　情绪公式

情绪是如何形成的？答案很明显，它来自你对于情景产生的认知。你如何评价和解读眼前发生的事情，就会产生怎样的情绪。

所以，情景发生，产生认知，认知带来情绪。

那么，我们产生怎样的认知取决于什么？第 1 章介绍过我们的认知来自早年经历、环境等，核心信念带来中间信念，中间信念带来自动思维，这一切带来了情绪。正是思维方式的不同，导致我们产生了各种各样的情绪。

每当我们面对一个情景时，大脑会迅速进行判断，基于既有的认知框架对事物进行解读，随后这一评估会引发相应的情绪反应。情绪不仅包括情感体验，还涉及行为和生理反应。例如，当你看到令人惊悚的场面时，可能会感到恐惧，产生面色苍白、心跳加速等生理反应。

因此，我们可以进一步补充"情绪公式"，如图 2-4 所示。

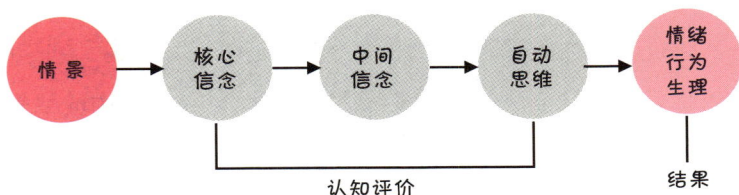

图 2-4　情绪公式（补充）

情景发生，认知产生评价和解释，评价带来情绪和行为。

　　设想这样一个场景：你得知昨天朋友们举办了聚会，但却没有邀请你。

- 如果你的核心信念认为他人都是不友善的、不值得信任的，你可能会得出结论："没有邀请我就是他们的错。"——这种思维方式可能会引发你的愤怒。
- 如果你的核心信念认为自己不好、自我价值低，你可能会认为："我不重要，他人不喜欢我，所以总是忘记我。"——这种思维方式会引发你感到忧伤。

首先，我们无法控制每天发生的事情，就像原始人无法预测何时会遇到狮子。

其次，我们无法改变情绪本身，因为情绪只是认知评价带来的结果，情绪的产生完全取决于我们如何解读遇到的情景。例如，当看到秋叶飘落时，有人可能会感受到秋风扫落叶的萧瑟，从而产生忧伤和感慨；而另一些人则可能会"看"到丰收的金黄果实，从而感到满足和愉悦。面对同一个事物或情景，每个人的评价方式不同，产生的情绪也不同。

但是，认知是可以改变的。我们的认知决定了我们如何解释这些事件，进而影响情绪的产生。因此，我们能且只能改变的只有对事件的看法和信念（认知），如图 2-5 所示。

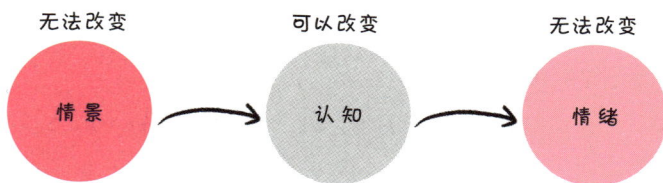

图 2-5　能改变的只有认知

心情好不好，你说了算

你是否知道大脑每天的运作有多辛苦？白天时，大脑在意识层面不断工作，时刻在思考、反应和评价；而到了晚上，潜意识接过接力棒，将白天收集的信息进行整合和加工，塑造梦境，增强记忆。大脑几乎从未停歇，面对眼前的事物，总是在自动、直接地进行评价，不受任何控制。

即使你在发呆或放空，大脑也在不断地进行着计划和思索，评估各种事物：这个好、那个不好，等等。不同的看法会带来不同的情绪。情绪，实际上是思维的产物。

情绪的产生是由于认知做出了评价，这种评价不仅涉及对情景本身的评估，还包括我们对自己能采取行动的评估，以及这些行动可能带来结果的评估。

> 情景：老师在课上突然宣布明天要考试。
> - 如果你把考试看作一种威胁，并担心考不好会被老师和家长批评，你会感到紧张、焦虑。
> - 但当你转念一想，虽然考试通知得很晚，但今天还有时间复习，只需快速复习一遍最近学的内容，那么通过考试就不会太难，你可能会感到兴奋、动力十足。这

> 个转变是因为你对自己能采取的行动进行了重新评估，认为通过复习可以获得好结果，从而把焦虑转变为信心。

认知的评估过程如图 2-6 所示。

（1）对行动做出评估 →例如，感到胜任、无力或一般，可能采取的行动包括战斗、逃跑等。

（2）对情景做出评估 → 判断情景是好的、坏的，还是无所谓的。

（3）对结果做出评估 → 预测结果是胜利、失败，还是中等的。

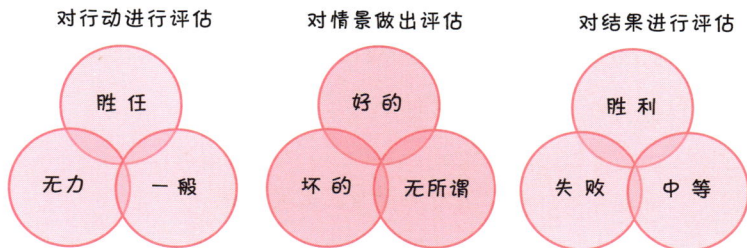

图 2-6 认知如何评估情景

你在生活中，与谁相处的时间最多？

是你自己。

没有人能够强迫我们产生某种情绪，每一种情绪都是我们自身选择的结果。当你认为他人有敌意时，你会感到愤怒；当你认为某件事对你构成威胁时，你会感到恐惧。

那个"自己"每时每刻都在制造各种情绪，因此你只是受到了"自己"的影响。实际上，没有任何人或事物能将情绪强行塞入你的脑海中，只有你自己通过思维和认知来评判事物，从而产生了情绪。

你并不是那些想法，也不是那些情绪，你是高于那些想法和情绪的存在。

每当你体验到一种强烈的情绪时，不妨在心底默念这个"咒语"：

是我自己选择了愤怒；

是我自己选择了悲伤；

是我自己选择了紧张；

是我自己选择了尴尬；

是我自己选择了……（加上你正在体验的情绪）。

这能让你反应过来你正在情绪的旋涡中，并且意识到无论你现在心情如何，都是你自己选择的。

觉察我的情绪

当你遇到特定情景时，学会觉察和分析自己的情绪，不要深陷情绪的泥潭。

心情有起伏时，问问自己以下几个问题。

1. "发生某情景时，我的心情是怎么样的？"
识别当下的情绪状态，如焦虑、忧伤等。

2. "当我体验这种情绪（焦虑、忧伤……）时，我想到了什么？"
反思引发这种情绪的具体想法和信念。

3. "为什么我会有这种情绪？"
分析情绪产生的原因，是出于对情景的负面评估、对行动的无力感，还是对结果的担忧。

情绪背后是未满足的需求

每一种情绪都有意义

情绪和情感的产生与客观世界无关，而是与我们的认识和看法密切相关。当外部世界的事件符合我们的需求时，我们会产生积极的情绪，如快乐和喜悦；当事件不符合我们的需求时，我们会体验到消极的情绪，如失落、抑郁和愤怒。

如果你在考试中取得了超出预期的成绩，这满足了你在学习上取得成就的需求，你会感到兴奋和激动；反之，如果成绩未达预期，你可能会感到伤心。

由此可见，情绪指向这个事物是否满足了我们的需求。

> 每一种负面情绪背后都隐藏着一个未被满足的需求。情绪就像一只叼着信的白鸽，在向你传达信息，告诉你，你的内在正在发生什么。

虽然我们常将情绪分为积极的和消极的，但情绪本身并无好坏之分，每种情绪都是合理的存在，它们只是展示你的需求和表达内心真实感受的方式。我们应当通过情绪来发现自我、体验人生，从中学习和成长。

当情绪产生时，不妨先暂停一下，不要急于责怪外部事物，反而要问自己："我为什么会产生这样的情绪？"

例如，许多家长会因为孩子做作业拖拉而感到愤怒。遇到这种情况时，首先不要指责孩子的对错，将孩子放在一边，关心一下自己，问问自己内心发生了什么，为什么会生气，进行一场自我对话，如图 2-7 所示。

通过这些问题，你可能会发现，家长对孩子做作业问题的愤怒实际上源自对孩子未来的担忧和焦虑。家长可能认为不做作业意味着没有前途，这种焦虑可能反映了他们对自身能力和未来的担忧。很多时候，家长对孩子未来的焦虑也是对自己价值和能力的一种焦虑。

他们认为人生只有一条路，就是好好学习，考上一所好大学，找一份好工作，如果不按照这条道路走，就会有风险，人生可能就"毁了"。这种对孩子的不信任表达了内在对自己的不信任，认为自己没有能力改变，遇到了问题没办法解决。

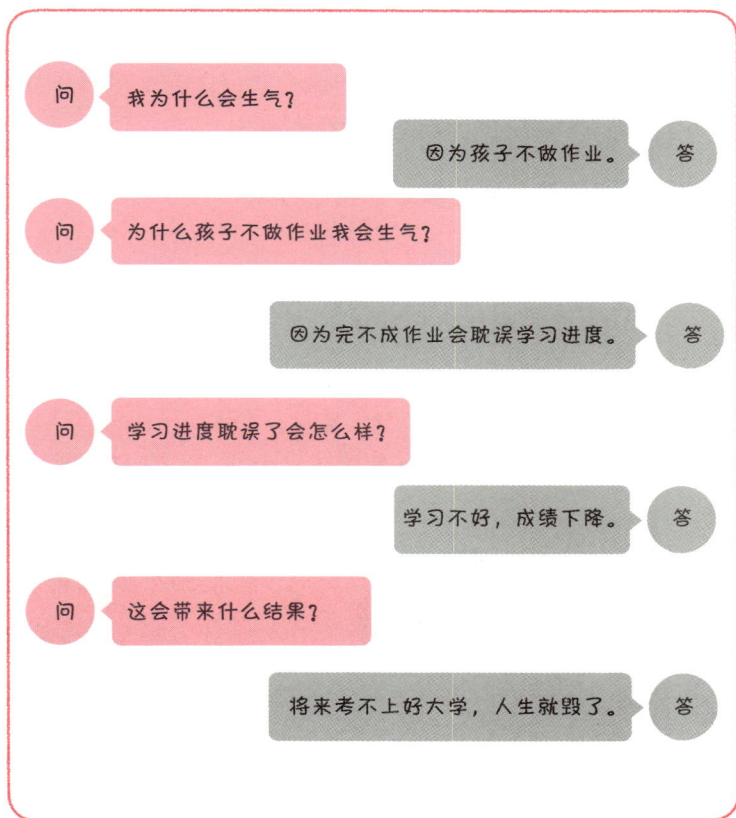

图 2-7　与自我对话

　　想象一下，20 年前的人可能难以预见今天的自媒体和数字"游民"的生活方式。未来科技和 AI 的发展也许会超出我们的想象，大公司可能会被取代，个人工作室和个人 IP 将成为主流。在这样的变革中，传统的"找一份好工作"的观念可能不再重要。因此，那种对固定轨迹的执着，也许源于对自身能力的不信任，担心自己无法适应变化的世界。

通过了解情绪背后的需求，我们可以找回自我，发现那分本就属于自己的力量。

情绪是身体在保护你

虽然我一直在谈论负面情绪带来的危害，但是情绪本身没有好坏之分（见图 2-8），每一种情绪都具有其存在的必要性。甚至每一种情绪都在帮助你，负面情绪也不例外。例如，痛觉让我们感知身体状态，远离危险；而情绪则在保护我们，指导我们应对各种情况。

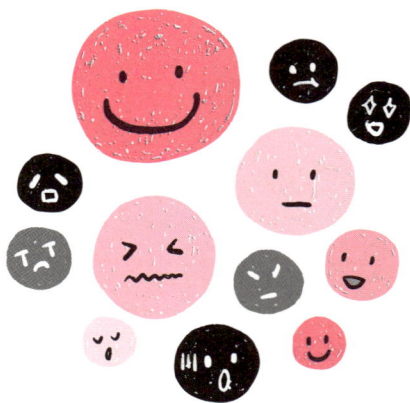

图 2-8　情绪没有好坏之分

如果没有快乐，我们可能无法感受到生活的美好和幸福；

如果没有焦虑，我们可能不会按时完成工作任务；

如果没有愤怒，我们可能不会捍卫自己的权益；

如果没有尴尬，我们可能在与人交往时缺乏边界感；

如果没有悲伤，我们可能不会得到他人的帮助和支持；

如果没有嫉妒，我们可能无法看清自己真正渴望的东西，如图 2-9 所示。

快乐	焦虑	愤怒
感受美好和幸福	自我掌控感 按时完成工作	捍卫权益

尴尬	悲伤	嫉妒
建立边界感	获得他人的 帮助和支持	看清自己的渴望

图 2-9 情绪的意义

你产生的情绪是身体在保护你，当遇到了让人不安的事情，总要运用一种策略来应对。

负面情绪就是在提醒我们，我们有某种需求没有被满足，有问题需要解决，起到了警示的作用。

例如，如果你在工作中感到疲惫和抗拒，可能是因为你觉得自己被过度消耗却没有得到应有的回报。在工作中，如果既没有拿到合理的薪资，也没有实现自我成长，对工作产生负面情绪就很正常。负面情绪在这种情况下指向了待解决的问题，比如，是否需要争取更合理的薪资，或者是否需要寻找能带来成长的机会。

再比如，为什么团建明明是去吃饭、去旅游，大家还是不愿意去？因为团建虽然看起来是休闲娱乐，但实际上是另一种形式的工作社交，会让人感到被占用了、被剥削了，自然让人感到不喜欢、不想要。

而且，研究表明，有时允许自己体验消极情绪，让伤心和失望等情绪自然发展，而不是强迫自己保持积极态度，反而有助于情绪的纾解。理解和接受情绪，是我们发现自我和成长的重要一步。

焦虑的人都有这个特征

> 恐惧是在防范看到的危险。
> 焦虑是在为看不见的危险担忧。

回忆一下，你是否曾因为考前过于紧张而无法专心复习？

或曾因第二天要给全公司做汇报，焦虑得难以入眠？

人类总是容易让自己陷入无端的紧张。今天的我们把考试、工作任务及人际关系等视为原始人会遇到的"野兽"，因此常常感到焦虑。

实际上，对一件事的恐惧比事情本身更具有压力。给我们造成压力的往往不是事件本身，而是我们对事件的"假想"和对其可能产生结果的担忧。例如，考试本身只是一个检测学习成果的过程，实际上并不可怕，但真正让我们感到恐惧的是对考试结果的不确定性，以及考砸了之后带来的后果。

真正的强者思维

焦虑是现代社会中常见的一种情绪状态。有时，适度的紧张、焦虑可以帮助我们表现得更好，但更多情况下，焦虑会对身体和心理产生极大的负面影响。

许多人在面对一项任务时，用了 80% 的精力处理情绪，而非任务本身，还没开始做，就已经开始担忧并想象各种不好的结果。焦虑会消耗大量精力，使我们无法专注于任务本身，如图 2-10 所示。

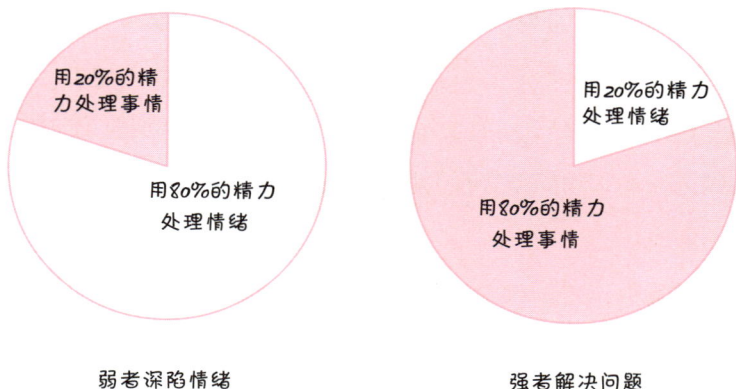

用20%的精
力处理事情

用80%的精力
处理情绪

用20%的精力
处理情绪

用80%的精力
处理事情

弱者深陷情绪　　　　　强者解决问题

图 2-10　强者思维

当你在心里种下了一颗前方有危险的种子时，你的潜意识为了保护你，就会让焦虑来袭，在你心中拉响警报，大喊"危险要来了"。这使你一直处于恐惧和惊慌的状态，无法集中精力处理问题，只能被这些焦虑的想法折磨得心力交瘁。结果只剩下 20% 的精力用于处理实际工作。

每个人两只手里能拿的东西有限，如果你手里装满了焦虑，你就拿不了其他东西了。当你花费大量心力去处理情绪时，你哪还有精力专注于做事情呢？

每个人的精力都是有限的，那些真正厉害的人就是能善于面对情绪，不被情绪左右，腾出更多时间和精力去解决问题的人。

著名网球运动员德约科维奇就曾说过，顶尖运动员和那些在为成为顶尖运动员而挣扎的人，他们的区别在于能否快速从负面情绪中走出来。即使是世界上最厉害的运动员，也会有恐惧、自我怀疑的时刻，但他们懂得如何正视情绪，以最快的速度摆脱情绪的困扰。

我们不能阻止生活中带来压力和焦虑的事情，但我们可以选择如何应对它们。有情绪是正常的，但我们应该把大部分的精力放在事情本身，专注于如何完成这件事，用较少的精力处理事情带来的情绪。这样你会发现自己有更多的能量去应对挑战，事情做起来自然也会不那么困难。

焦虑是后天习得的

有时，我们容易焦虑、紧张，是因为过去的环境让我们变得敏感和忧虑。

过去的人需要这种特质来应对环境中的危险和挑战。在以前的环境里，也许是家庭，也许是工作，人们必须敏感地关注着他人的喜怒哀乐，只有这样才能不受到"暴君"的欺辱；只有观察风吹草动，才能让危险不殃及自己。人们变得敏感、脆弱，是为了在过去的环境中生存下来。

　　然而，现在的你不再需要这些特质了。你可以大胆地做自己，真实地表达自己的需求和喜好。你可以拒绝他人，表达不满，展示自己的力量，展现自信和实力。你不再需要过去的焦虑和担忧，可以自由自在地展示自我。

手账治好了我的精神焦虑

　　压力和焦虑往往源于负面思维。当你将某件事视为危险或无法完成的任务时，你就会有种担忧、紧张的感受。这也是认知行为模型所揭示的——认知带来情绪。

　　不过先等一等，你是否发现自己曾经担心的事情，大多数并没有实际发生？

摆脱焦虑手账1：焦虑清单

将让你感到焦虑的事情写下来，可以帮助你逮住负面思维的"尾巴"。

比如，小A最近对公司的一个重要项目感到焦虑，他列出的"焦虑清单"如下：

- ♥ 项目无法完成怎么办？
- ♥ 物料搭建没有按时完成，活动无法举办怎么办？
- ♥ 活动当天会不会出现意外？
- ♥ 场地会出问题吗？

写下最近让你焦虑的事情：

1. _____
2. _____
3. _____
4. _____
5. _____

写下焦虑清单的目的是让你意识到自己的思维，觉察这些思维后，你会发现它们可能并没有实际的破坏力。这能帮助你从繁复的焦虑思维中抽身。焦虑清单不仅帮助你释放情绪，还能让你认识到，这些担忧像纸老虎一样脆弱。

当你再次想起让你焦虑的事情时，可以问问自己：

- ♥ 这件事有必要担心吗？
- ♥ 我有能力应对突发状况吗？

摆脱焦虑手账2: 行动起来

面对焦虑，立刻采取行动是最有效的缓解方法。行动是对抗焦虑最好的良药，越是不行动，焦虑就会越堆越多。

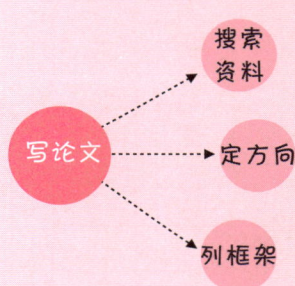

搜索
资料

写论文

定方向

列框架

如果某件事让你无从下手，可以试着把这项大任务拆分成一个个小步骤。

例如，写论文可以分为搜索资料、定方向、列框架等步骤，然后一个个完成。只要你知道下一步该做什么，你就可以立刻行动起来。"你不需要看到整个楼梯，只要走出第一步就好。"

比如，小A发现了潜在的问题后，可以为这个项目制定详细的进度表，逐步解决每一个问题，降低风险。

拆分你的大任务：

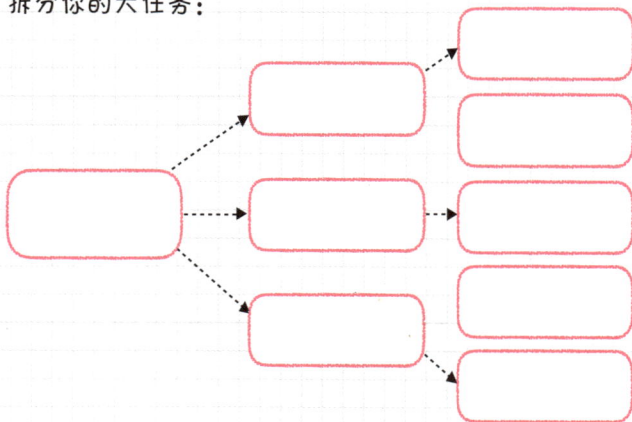

摆脱焦虑手账3：轻松复盘

一段时间过后，回顾之前写下的让你担忧的事情，你通常会发现它们几乎没有发生。而且，很多事情的发展往往比你预想的要顺利。通过多次记录焦虑清单，你会发现自己的焦虑都是杞人忧天。

焦虑事件 1 ＿＿＿＿＿＿　☐ 发生　☐ 未发生
＿＿＿＿＿＿＿＿＿＿＿

焦虑事件 2 ＿＿＿＿＿＿　☐ 发生　☐ 未发生
＿＿＿＿＿＿＿＿＿＿＿

焦虑事件 3 ＿＿＿＿＿＿　☐ 发生　☐ 未发生
＿＿＿＿＿＿＿＿＿＿＿

焦虑事件 4 ＿＿＿＿＿＿　☐ 发生　☐ 未发生
＿＿＿＿＿＿＿＿＿＿＿

焦虑事件 5 ＿＿＿＿＿＿　☐ 发生　☐ 未发生
＿＿＿＿＿＿＿＿＿＿＿

掌控生活手账计划

通过手账的记录和规划，你可以更好地解决生活中的各种压力和焦虑，逐步化解内心的紧张情绪，提升自我掌控感和信心。

掌控生活手账1
年度计划

年度：

分类	年度目标	1月	2月	3月	4月	5月	6月	7月	8月	9月	10月	11月	12月	完成情况	总结
学业事业															
个人成长															
家庭															
人际情感															
健康心灵															
财富															

掌控生活手账2

月度计划

月份：

本月目标

○
○
○
○
○
○
○

待办事项

○
○
○
○
○
○
○

其他

周一	周二	周三
☐	☐	☐
☐	☐	☐
☐	☐	☐
☐	☐	☐
☐	☐	☐

周四	周五	周六	周日
☐	☐	☐	☐
☐	☐	☐	☐
☐	☐	☐	☐
☐	☐	☐	☐
☐	☐	☐	☐

掌控生活手账3
周计划

本周目标　　　　　　　　　**其他**　　　　　月/第　周
○
○
○

周一 日期:	周二 日期:	周三 日期:	周四 日期:

周五 日期:	周六 日期:	周日 日期:	总结

职场解压计划

职场焦虑常常来自工作任务的压力、技能不足或对未来的不确定性。焦虑的也许是缺乏某方面的技能和经验。没有人是一成不变的，现在的你可以通过学习提高自己的水平，应对工作带来的焦虑。

你可以通过以下几个方面来提升自己和应对工作中的挑战。

1. 培养人际沟通技巧

- 学习沟通技巧：通过参加沟通培训或阅读相关书籍，学习积极倾听、反馈和非语言沟通技巧。

- 主动沟通：定期与同事、上级沟通，了解工作进展和目标。

- 反馈和总结：及时反馈工作中的问题和成果，总结沟通经验，以改进沟通能力。

2. 提升职场相关专业技能

持续学习和提升专业技能可以增强信心，并减少因技能不足带来的焦虑。

- 自学或参加培训课程：学习与工作相关的技能。

- 跟踪行业趋势：关注行业动态，了解最新的技术和方法。

- 实践与应用：在实际工作中应用所学技能，通过实践提升能力。

3. 掌握缓解压力的技巧

- 练习放松技巧：如呼吸练习、冥想等。

- 设定合理的目标：将大任务拆分为小步骤，逐步完成，减少压力感。

- 保持工作与生活的平衡：确保有足够的休息时间和业余活动，避免过度工作。

4. 提高时间管理能力

- 制定工作计划：制定每天、每周清晰的工作计划和优先级列表。

- 使用时间管理工具：如日历、待办事项应用等，帮助组织和跟踪任务。

- 避免拖延：将任务分解为可管理的部分，设定截止日期，并保持专注。

职场解压计划

我需要提升的职场技能

技能1：————————————————————

技能2：————————————————————

技能3：————————————————————

技能4：————————————————————

技能5：————————————————————

提升计划

我预计在—————————（时间）完成技能1的学习，为达成目标，我需要做什么：

————————————————————

————————————————————

————————————————————

————————————————————

以此类推其他技能

越放松，越成功

担忧就是对自己的诅咒。

你越是害怕某件事，它就越会成为你的焦点，你的潜意识会不断关注这些不好的事，最终让这些事变得更可能发生。相反，通过放松和管理焦虑，你可以让自己保持更积极的心态，从而吸引更多的好事发生。

以下是"情绪速效自救指南"，这五个小技巧可以帮助你缓解焦虑，保持内心的平静和稳定。

情绪速效自救指南

以下五个技巧帮助你缓解坏情绪。

1. 记录

当感到焦虑时，用纸笔或者手机的备忘录记录你的担忧、情绪及对这些事的看法。

越写越清晰——记录焦虑的想法可以帮助你清晰地识别和处理它们，帮助你释放甚至发泄情绪，识别自己的思维模式，从负面情绪中脱身。

2. 散步

到大自然或附近的公园走一走。散步是一种很好的放松身心的运动，回归到自然中，你的思绪也会变得轻盈。

3.冥想

每天早晨或睡前用 10～15 分钟进行冥想。冥想有助于平静心绪，提高专注力和心理韧性。(后文中有冥想的具体步骤。)

4.戒手机

减少观看社交媒体的时间。社交媒体常常会加剧焦虑和压力，减少接触负面新闻、娱乐消息和热搜信息，有助于缓解焦虑，专注于当下的真实生活，提高生活的幸福度。

5.热爱

找到一件自己热爱并能定期去做的事，如听音乐、做运动或绘画。从事热爱的事情有助于提高满足感，建立积极的体验。

通过这些方法，你可以逐步缓解焦虑，提升生活质量。每个人的情况不同，你可以根据自己的实际需要调整和优化这些方法，找到最适合自己的放松和管理焦虑的方式。

放松训练：冥想

冥想是一种有效的放松训练方法，可以帮助你观察和管理自己的想法，提升内心的平静感和专注力。以下是详细的冥想指导。

1. 准备

找一个安静的、不被打扰的地方。

选择一个舒适的姿势：可以坐着，也可以躺下，但要保持背部挺直。

2. 专注于呼吸

闭上双眼，用鼻子缓慢地、深深地吸一口气，然后用嘴轻轻地吐气，感受全身的放松。

在每一次呼吸中，去感受吸入鼻子的空气是凉凉的，呼出的空气是温暖的。

将注意力集中在呼吸的节奏上，若有分心的念头出现，温柔地将注意力带回到呼吸上。

3. "观察"想法

"观察"此时出现在你脑海里的想法，那些一闪而过的念头（如某个场景、计划或想法），静静地观察它们。

想象这个想法变成了一个石子，你可以把这个石子的表面想象成这件事的图像，比如你在想一个人，石子表面的图像就可以是这个人的脸。

接下来，想象这个石子逐渐沉入大海，随着海水缓慢地沉入深深的海底，直至消失不见。

每当脑海里出现了一个想法，就想象关于这件事的石子沉入了大海，消失不见了。

冥想不是发呆，也不是闭上眼睛任由思绪飞舞。冥想的要义，是理解我们不是我们的想法，我们是我们自己本身。

这种视觉化的练习可以帮助你将某些想法放下，感受它们逐渐消失。当一个想法出现时，静静地看着它，客观地看待它的到来，不评价它的好坏，不参与它的讨论，让这股能量穿过你，流过你，而不是占据你。

呼吸是帮助我们达到沉思的一个重要方法，当你思绪万千时，将注意力放到呼吸上，感受着一呼一吸带来的感觉，告诉自己当下最重要的是我和我的呼吸。

情绪日记

你有写日记的习惯吗？

试试写情绪日记吧！

情绪日记是一种帮助你识别和管理情绪的有效工具。通过记录每日的情绪变化，对自己进行内观，觉察情绪和思维，你可以更清楚地了解自己内心的反应。我们可以反向操作，通过当下产生的情绪，找到自动思维，进一步发现核心信念，找到情绪问题的根源，如图 2-11 所示。

图 2-11　通过情绪找到核心信念

情绪管理工具

以下是一些有助于你书写情绪日记的工具和测量标准。

情绪轮盘

情绪轮盘是用来帮助你识别和标记情绪的一种工具。根据普拉奇克的情绪之花，人的情感有八大基础元素：好奇、平静、接纳、忧虑、不解、伤感、厌倦和懊恼。这朵情绪之花，从花的中心向外，依次代表情绪的不同程度。使用情绪轮盘可以帮助你更准确地定义和理解自己的情绪，如图 2-12 所示。

情绪轮盘

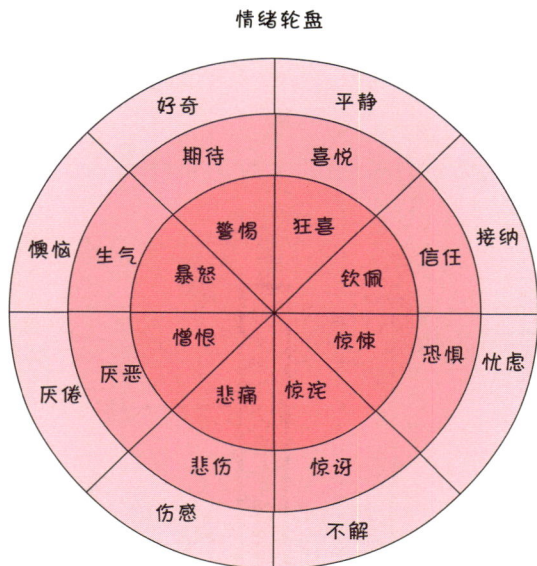

图 2-12 情绪轮盘简版

情绪温度计

感受情绪时,问问自己的情绪有几度?

情绪温度计可以用来量化你的情绪状态,帮助你直观地了解自己的情绪强度。

使用 0~10 的评分系统来评估你的心情,数值越大,代表情绪越积极。其中,0 表示极度低落,10 表示极度愉悦或平静。

示例

- **今日整体心情**：6℃（情绪温度计指数），如图 2-13
  所示。

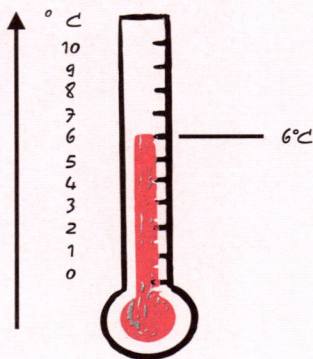

图 2-13　情绪温度计

情景回忆

写情绪日记时，尽量详细地描述引发情绪的情景。描述包括时间、地点、环境和人物，这样更有助于挖掘出自动思维。

示例

- ✗ 情景："考试。"

  ——写得过于简单，能回忆到的情绪只有紧张。
- √ 情景："为第二天上午九点的英语考试感到担心。"

  ——这样详细地写出来，能帮助你找出更多焦虑的原因，也许是时间紧迫带来的压力，也许是对自身英语能力的不自信，或者对上一阶段学习成果的不确定。

引起情绪的事件

为引发你情绪的事件分类可以帮助你识别问题的来源，常见的分类包括：

- 工作；
- 学习；
- 家庭；
- 生活；
- 休闲；
- 人际关系。

你可以继续补充。

情绪日记

日期：　天气：　　今日整体心情：（情绪温度计打分）
- 情景：时间、地点、环境、人物（引发情绪的事件及原因）

_____

_____

_____

- 我的反应：_____
- 情绪反应：_____

_____

- 生理反应：_____

- 我当时的感受和想法（把想到的全部写下来，这能帮助
  你梳理并释放情绪）
  - 我当时想到了什么：_____

  _____

  - 给我带来了什么感受：_____

- 我采取的应对措施：_____

- 反思及分析
  - 这些想法百分之百正确吗？ _____
  - 它们总是正确的吗？ _____
  - 为什么会有这些感受？ _____
  - 我如何改进？ _____

　　这个格式只是一个参考，你可以随心所欲地写你的情绪日记，它主要的目的是帮助你"看到"情绪、发泄情绪和梳理情绪，然后找到背后的问题。以下为举例说明。

情绪日记　　日期：2024-5-27　　天气：晴　今日整体心情：6° C

• 情景：
　复习数学时，发现很多题都不会做
　花了很多时间才搞明白

• 我的反应：
- 情绪反应：担心考试考不好，紧张郁闷，沮丧
- 生理反应：心跳加速，心慌

• 我当时的感受和想法
- 我当时想到了什么：要完蛋了，肯定考不好了，我怎么什
　　　　　　　　　　么都不会，这样复习肯定来不及，考
　　　　　　　　　　前也复习不完了

- 给我带来了什么感受：很紧张，很慌张，无法集中精力，
　　　　　　　　　　　非常担心数学考试，遇到不会的题
　　　　　　　　　　　就会有压力

• 我采取的应对措施：努力集中精力，多复习一些题目

• 反思及分析
- 这些想法百分之百正确吗？不是，遇到不会做的题很正常，
　　　　　　　　　　　　　谁都会有不会做的题。
- 它们总是正确的吗？不是，我之前的数学考试成绩都很好。
- 为什么会有这些感受？担心考不好会被老师和家长批评，
　　　　　　　　　　　会落后于其他同学。
- 我如何改进？放松练习，根据现有时间制定复习计划。

情绪波动时刻

记录情绪波动的时间和规律，检查是否与天气、时间、具体场景有关。这可以帮助你识别情绪起伏的模式，并制定改善策略。

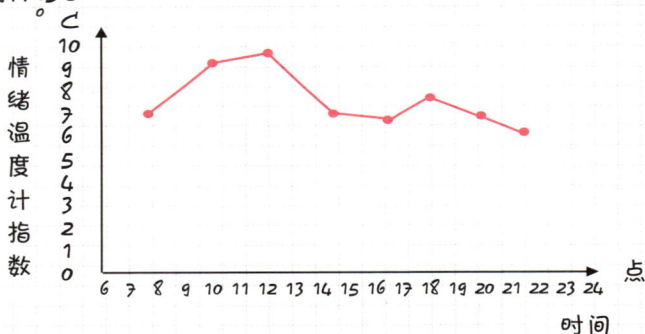

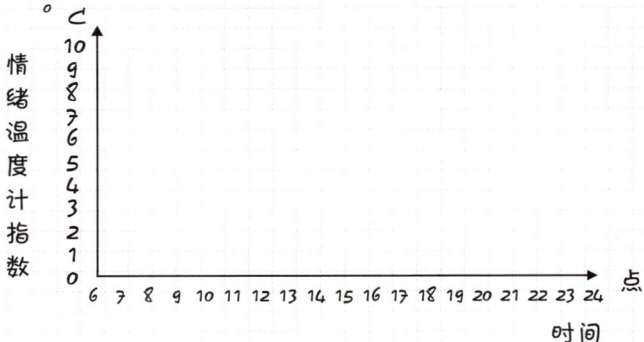

每月情绪回顾

每月进行一次情绪回顾，分析高频情绪、主要触发原因及采取的应对措施，从而了解情绪变化的整体趋势和有效应对策略。

示例：

3月情绪回顾

- 平均情绪温度计指数：6°C

- 高频情绪：轻松（10次），焦虑（5次），伤心（3次）

- 主要触发原因

  ① 工作压力（5次）
  ② 人际关系（4次）
  ③ 社交活动（3次）
  ④ 家庭原因（2次）

- 采取应对措施
  冥想（10次）
  运动（4次）
  和朋友聊天（3次）

  - 反思及改进
  - 合理分配工作时间，提前安排工作，下班后不再工作。
  - 有一天早晨出门散步30分钟，回来后精神很振奋，工作效率高。
  - 下班后玩手机会更累，减少电子设备的使用时间。
  - 人际关系压力待解决。

每月情绪回顾

每月进行一次情绪回顾，分析高频情绪、主要触发原因及采取的应对措施，从而了解情绪变化的整体趋势和有效应对策略。

示例：

＿月情绪回顾

- 平均情绪温度计指数：＿＿＿＿＿＿＿＿＿＿＿＿＿＿
- 高频情绪：＿＿＿＿＿＿＿＿＿＿＿＿＿＿＿＿＿＿＿
- 主要触发原因

  ① ＿＿＿＿＿＿＿＿＿＿＿＿＿＿＿＿＿＿＿＿＿
  ② ＿＿＿＿＿＿＿＿＿＿＿＿＿＿＿＿＿＿＿＿＿
  ③ ＿＿＿＿＿＿＿＿＿＿＿＿＿＿＿＿＿＿＿＿＿
  ④ ＿＿＿＿＿＿＿＿＿＿＿＿＿＿＿＿＿＿＿＿＿

- 采取应对措施

  ＿＿＿＿＿＿＿＿＿＿＿＿＿＿＿＿＿＿＿＿＿＿＿
  ＿＿＿＿＿＿＿＿＿＿＿＿＿＿＿＿＿＿＿＿＿＿＿
  ＿＿＿＿＿＿＿＿＿＿＿＿＿＿＿＿＿＿＿＿＿＿＿

- 反思及改进

  ＿＿＿＿＿＿＿＿＿＿＿＿＿＿＿＿＿＿＿＿＿＿＿
  ＿＿＿＿＿＿＿＿＿＿＿＿＿＿＿＿＿＿＿＿＿＿＿
  ＿＿＿＿＿＿＿＿＿＿＿＿＿＿＿＿＿＿＿＿＿＿＿

第 3 章

童年和原生家庭

没有人能够回到过去重新开始，但谁都可以从现在开始，书写一个全新的结局。

——卡耐基

打破童年的"诅咒"

人生漫漫，故事从何说起，当然是从童年说起，那是你最初的模样。"理解你的童年就是理解你的关键。"童年，可以是一袋闪烁的钻石，让人一生富足，熠熠生辉；也可以是一袋沉重的沙砾，压得人喘不上气，但依旧要负重前行。

本章将带你踏上一段情感的旅程，揭开童年记忆的层层面纱。准备好了吗？

这些行为可能来自创伤经历

随着一声婴儿的啼哭，一个新的生命降临，这一刻，你在这个世界上有了属于自己的一席之地。从出生的那一刻起，你便开始形成各种情感、行为和需求，而父母或主要养育者则会以各种方式对你的行为做出回应。这些回应可能是积极的，也可能是消极的。

比如，面对一个哭泣的婴儿，有的母亲会给予安抚与关怀，而有的母亲则可能选择忽视，甚至呵斥孩子让其保持安静。

父母是我们人生中最早接触的人，与他们的相处模式和关系往往会成为我们未来行为和人际关系的雏形。

不要小看这些看似简单的互动，婴儿在这些回应中逐渐学习如何应对养育者和其他人，进而形成了认知和行为模式，建立了对自己和世界的最初信念，即我们在第 1 章提到的"核心信念"。这些信念往往在以后的人生中不断重复，深刻影响着我们的反应和行为。

父母的养育方式对孩子有深远的影响。如果父母易怒、严苛，常常挑剔、批评孩子，孩子为了在这种环境中生存下来，通常会演化出一系列"应对策略"。

1. 顺从。孩子会变得顺从，不敢反抗。因为在弱小的孩子面前，父母是强大的，是无所不能的。在随时可能面对攻击和打压的情况下，孩子为了能"生存"下来，必须学会察言观色，捕捉父母的情绪，以防自己遭殃，这就是根据情景学会的一种防御机制。

2. 讨好。孩子会尽力讨好父母。因为年幼的孩子无法离开养育者，他们只能忍受现状，选择在父母面前小心翼翼，甚至取悦他们。

3. 依赖。还有一个关键的应对策略是依赖。孩子不能独立生存，必须依赖养育者，即使这种关系充满挑剔和打击，孩子也会逐渐习惯，并依赖这些不尊重、不关爱他们的人。
这种依赖感会逐渐内化，可能导致他们成年后进入类似的关
系模式。

　　童年时的我们非常脆弱，往往无法选择如何应对某些情况，
只能被动接受。如果没有养育者，我们连基本的生存都成问题。
因此，为了生存和减少伤害，我们习得了各种防御机制，如
图 3-1 所示。

　　面对挑剔型父母——父母表现为愤怒和批评——我们学会
了服从和取悦；

　　面对忧郁型父母——父母表现为冷漠和忽视——我们学会
了压抑和自责。

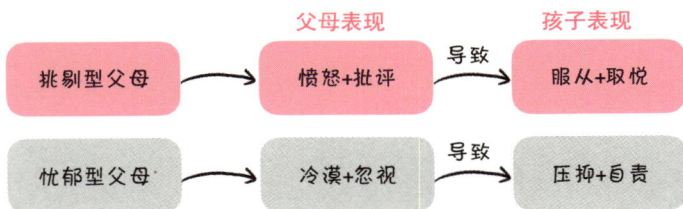

图 3-1　孩子通过父母表现习得防御机制

　　长大后，我们往往会继续沿用这些防御机制，成年后的行
为往往是童年经历的重演。那些经历过被虐待的孩子，最深刻

的感受之一就是羞耻感。他们在儿时面对不公平对待、压迫甚至虐待时会感到自己无能为力，无法抵抗那种力量。这种无助会引发他们深深的羞耻感。这种羞耻感会逐渐深入骨髓，在他们成年后依然影响他们，导致他们时刻产生自己不够好、低人一等的感觉。羞耻感有时会伴随终生，影响他们的生活、工作和人际关系等方方面面。

虽然我们表面上掌握着人生的主动权，但过去的经历已经为我们写好了一套人生剧本，潜意识会按照原有的认知上演固定的情节，而我们不过是按照剧本"表演"的演员。

- 小时候的我是什么样的

- 想起童年，我的感受是

- 小时候，我的家是什么样的

- 我家里都有谁

- 我的学校是什么样的

- 我的学校里都有谁

- 童年最愉快的回忆是什么

- 童年最糟糕的回忆是什么

- 我最早的记忆是什么

我的童年

还记得小时候的自己吗

小时候我最喜欢玩什么	小时候我梦想成为谁	和谁相处的时间最多	我最怀念童年的什么
我最喜欢的玩具是什么（你还找得到吗）	我最珍贵的物品是什么	我喜欢看的动漫/剧集是什么	我最喜欢的动漫人物是谁
我喜欢看的书是什么	我喜欢收集什么	我喜欢买的东西是什么	想再次见到童年时期遇见的谁
不想再见到童年时期遇见的谁	童年的玩伴是谁	最讨厌的老师是谁	最喜欢的老师是谁
难忘的一次假期是什么	小时候崇拜的人是谁	最害怕的事物是什么	最害怕的人是谁

匮乏感来自童年未满足的需求

不难发现，我们现有的认知模式、行为方式和习惯都与童年的教养方式和成长环境息息相关。与此同时，成长过程中那些渴望却未得到、想要却未满足的需求会在心底留下一个"洞"。随着时间的推移，这个"洞"会演变成我们成年后不断追逐的目标。

举个例子，有些孩子从小被严格教导，从未体验过真正的自由，无法随心所欲地做自己想做的事情，也不能大胆表达个性。于是，这种未被满足的"自由感"便深埋在心底。长大后，他们可能通过突然辞职、奇特的造型、行为变得不靠谱等方式寻找"自由"，试图填补心中的那个"洞"。但是，由于心底是不自由的，这些人无论做什么都无法真正感到自由；相反，内心感到自由的人，做任何事都会带着自由的感觉。

有的人用一生来治愈童年。如果一个孩子在爱与关注上的需求没有得到满足，这个"洞"就会始终存在。成年后的我们在遇到某些特定的事件或情境时，这个"洞"会被轻易激活，瞬间释放出强烈的情绪波动。

童年发生的事情，虽然表面上看起来微不足道，却可能对整个人生造成"蝴蝶效应"般的深远影响。童年的第一次经历是我们对这个世界的初识，那是一种对灵魂的震动。小时候的一件小事就像热带雨林中扇动翅膀的蝴蝶，可能会在未来几十年中掀起风暴，给人生带来关键性的影响。

走出过去的负面循环

不过，现在的你了解了"人生剧本"背后的运作模式，能够像局外人一样观察这场表演。你有能力重写自己的剧本，可以选择是继续重复过去的生活，还是走出属于自己的路；选择是追求成功，还是继续逃避；选择是继续扮演受害者，还是站出来为自己负责，这一切都掌握在你手中。

通过建立新的认知和信念，重新探索一个崭新的世界，用理性而非情绪化的方式面对生活。如果你的童年经历过种种挑战，那并不是你的错。你不需要责怪自己当时没有反抗，因为当时的你已经竭尽所能去应对了，别无选择。

但这是你的人生，你可以开始为自己负责了。你可以选择让生活变得更好，选择爱自己，选择带领自己走出困境。你有能力体验丰盛、富足和幸福的人生。真诚地面对自己，打破童年的魔咒，不再被困于过去的经历。

正如迈克尔·杰克逊所说，世界上许多问题，从犯罪到战争，都是孩子们被夺走童年所致。愉快的童年是创造力的种子，这些种子一旦发芽，将会治愈整个世界。

童年关键事件

童年关键事件是指那些在童年时引发强烈情感、导致心理和身体剧烈反应的事件，即使现在已经过去多年，你依然记忆犹新。它们可能是不愉快的，也可能是美好的经历。

我们现在的情绪问题、行为反应，有时是在重复童年经历带来的感受，有些事件会对你的一生产生深远影响。有时，我们可能会选择性地遗忘它们，不愿直面这些记忆，但它们依然深藏在记忆深处，默默地影响着我们。看到它们，看到过去的那个自己，是疗愈的起点。

童年关键事件1

年份：　日期：　时间：　（回忆越具体越好）

- 你当时的年龄：
- 事件描述：（在哪里发生了什么，涉及什么人物，具体情境，持续时间）

_____

_____

- 我的感受（情绪、感觉、心境）

当时的感受：_____

现在的感受：_____

- 我的身体反应

当时的身体反应：_____

现在的身体反应：_____

- 我当时是如何处理和应对的（无论行动还是不行动，都是应对）

_____

_____

- 我的看法/给我带来的长期影响

_____

_____

- 反思、分析、接下来的应对策略

_____

_____

进行这项练习时，你可以慢慢回想、慢慢地写，并不需要立即完成。

很多事情你可能只是依稀记得，但不确定是否属于关键事件。事实上，童年的关键事件可能不止一件，它们可能渗透在生活的方方面面。以下问题可以帮助你回忆。

童年关键事件2

闭上双眼，想象一下父母（或小时候的主要养育者）坐在你的面前，他们是什么神态？会说些什么？

当提起家，你小时候印象深刻的事是什么？

当提起学校，你小时候印象深刻的事是什么？

当提起金钱，你小时候印象深刻的事是什么？给你带来什么感受？

童年让你印象最深刻的人有哪些？

在进行这项练习时，可能会勾起你沉睡多年的回忆，有些回忆可能并不愉快。如果在书写过程中感到不适或情绪波动，可以随时停下来，等准备好再继续。强烈建议你在一个不被打扰的时间段和环境中进行这项练习。它非常具有挑战性，但没有时间限制，也不是必须做的，但是完成后你会对自己有更深入的了解。

有时，深挖过去的经历会带来许多痛苦，但当我们再次面对这些"张牙舞爪"的记忆时，无论写下来还是说出来，都是一种释放的过程，能够帮助我们找到面对它们的勇气和力量。写完之后，这些事情不会消失，但当我们再回想时，我们可以像旁观者一样冷静地面对它们，不再被情绪困扰。

没有偶然发生的事情，无论好的、坏的，快乐过、失落过，每一次经历都是为了让我们学会、领悟、获得些什么。

我们只有追溯过去，才能更好地理解现在。虽然我们无法改变过去，但我们可以通过直面曾经的自己，选择如何应对那些创伤，我们拥有疗愈自我的力量。既然过去的经历塑造了现在的我们，我们也可以选择用现在的经历塑造未来的自己。

原生家庭如何塑造你

婴儿时期与主要养育者之间的关系对成年后的人际关系、亲密关系及其他社会关系有着深远的影响。这位养育者不一定是父母，也可能是爷爷奶奶，或者负责照顾弟弟妹妹的年长的哥哥姐姐。

你是哪种依恋人格

婴儿会与养育者建立一种深厚的情感联结，这种联结称为依恋。依恋源于婴儿和养育者之间的互动，是一种生存本能。一个弱小的婴儿必须依靠一个强大的个体来确保生存。同样，母亲也需要与婴儿建立情感联结，以便更好地照顾孩子。当婴儿到七八个月大时，如果母亲离开，婴儿便会表现出分离焦虑，伴随着悲伤、痛苦和哭泣的行为。

然而，不同的婴儿与养育者之间会形成不同的依恋模式，这些模式可能是积极的，也可能是消极的。心理学家安斯沃斯通过一个著名的"陌生情境"实验，深入研究了早期的依恋模式。

四种依恋模式

在"陌生情境"实验中，养育者（通常是母亲）在自然状态下与婴儿互动，随后养育者暂时离开，一个陌生人出现，之后养育者再回来与婴儿重聚。通过观察婴儿在这些不同情境中的反应，安斯沃斯发现了依恋模式的四种表现形态，如图 3-2 所示。

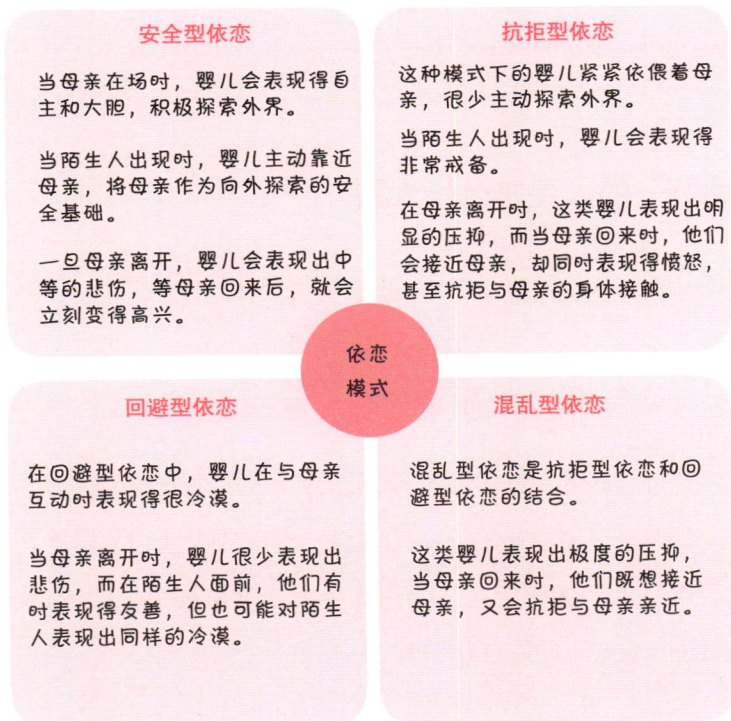

安全型依恋

当母亲在场时，婴儿会表现得自主和大胆，积极探索外界。

当陌生人出现时，婴儿主动靠近母亲，将母亲作为向外探索的安全基础。

一旦母亲离开，婴儿会表现出中等的悲伤，等母亲回来后，就会立刻变得高兴。

抗拒型依恋

这种模式下的婴儿紧紧依偎着母亲，很少主动探索外界。

当陌生人出现时，婴儿会表现得非常戒备。

在母亲离开时，这类婴儿表现出明显的压抑，而当母亲回来时，他们会接近母亲，却同时表现得愤怒，甚至抗拒与母亲的身体接触。

依恋模式

回避型依恋

在回避型依恋中，婴儿在与母亲互动时表现得很冷漠。

当母亲离开时，婴儿很少表现出悲伤，而在陌生人面前，他们有时表现得友善，但也可能对陌生人表现出同样的冷漠。

混乱型依恋

混乱型依恋是抗拒型依恋和回避型依恋的结合。

这类婴儿表现出极度的压抑，当母亲回来时，他们既想接近母亲，又会抗拒与母亲亲近。

图 3-2　四种依恋模式

第一种依恋模式，即安全型依恋，表明婴儿在与父母的关系中获得了足够的安全感。即使父母暂时离开，婴儿也相信他们会很快回来，因此能够更自信地探索外界。相反，后面三种依恋模式（抗拒型依恋、回避型依恋和混乱型依恋）统称为非安全型依恋。这些婴儿的内心未能建立对父母的信任和安全感，因此在父母离开时，他们会感到被抛弃的危险和焦虑。这些早期的依恋模式会对个人成年后的关系产生深远影响。

"命好"的人是怎么长大的

什么样的父母能培养出安全型依恋的孩子

父母表达爱与关怀

父母在婴儿早期阶段表现出的爱与关怀是安全型依恋的基础。父母通过身体接触、眼神交流、温暖的声音和及时的抚慰来表达爱意。这些行为让婴儿感受到自己是被重视和珍惜的，从而建立对父母的信任和依赖。

敏感且积极的回应

安全型依恋的养成还依赖父母对婴儿需求的敏感度。能够敏锐地察觉婴儿的需求并给予正确的回应，比如在婴儿哭闹时及时安抚，这种积极的回应能够使婴儿感到他们的需求被理解和满足。相反，如果父母对婴儿的信号反应冷漠或缺乏耐心，则可能导致非安全型依恋。

同步互动与引导

在日常互动中，父母与婴儿之间的同步性非常重要。当父母与婴儿专注于同一件事时，他们会通过引导婴儿的行为来建立一种积极的互动。这种互动不仅让婴儿感到自己是被关注的，还会增强他们的安全感，因为他们知道父母会在需要时支持他们。

父母的情绪和心理状态

父母的情绪和心理状态直接影响与婴儿的互动。如果父母自身处于心理痛苦中，如抑郁或焦虑，他们可能无法给予孩子足够的情感支持。例如，有抑郁情绪的父母往往对孩子表现冷淡或忽视孩子的需求，而那些在小时候未得到足够关爱的成人可能会对自己的孩子要求过高。当他们的孩子未能达到标准时，他们容易表现出不耐烦或愤怒。

只有内心富足的父母，才能为孩子创造一个幸福、安全的童年。这意味着父母本身要具备良好的情绪管理能力和心理健康状态，能够提供稳定的情感支持和积极的互动环境。

家庭教育对个人成长的影响

举个例子，在一个聚会上，一位小朋友不小心划破了手指。

妈妈 A 看到后，平静地告诉孩子"没关系"，迅速找到创口贴为他处理伤口，然后询问是怎么受伤的，并叮嘱以后要小心。这样的处理方式让孩子感受到妈妈的关心和爱，也明白了事故并非自己的错，今后他会更加注意，甚至在他人遇到类似情况时也会积极地帮忙处理。

而妈妈 B 的反应却截然不同。她怒目瞪着孩子，责怪他"不懂事"，还说"只会给他人添麻烦"，然后不耐烦地简单检查了一下伤口，觉得没什么大事便没有认真处理。这种态度很可能会让孩子感到自责，认为是自己犯了错。下次孩子可能还会出现这种情况，因为对这件事的紧张和担忧印在心里，越害怕就越会出错。这种负面的情感体验一旦根深蒂固，孩子在长大成人后，不仅会害怕犯错，甚至也会用相同的方式对待他人，比如在他人需要帮助时生气地指责他人。

接纳孩子、给予孩子温暖和积极回应的父母，更容易养育出拥有安全亲密关系、良好人际关系和高自尊的孩子。相反，缺乏耐心、不接纳孩子、对孩子要求过高、控制欲强的父母，养育的孩子往往更可能在人际关系中遇到问题，甚至表现出抑郁倾向和低自尊。

为什么你总是陷入"有毒"的关系

童年不幸的人在成年后更容易陷入"有毒"的关系。因为早年与养育者建立的关系模式是我们唯一能参照的亲密关系模式。如果我们在童年没有经历过健康的亲密关系，那么就很难理解人与人之间的关系应该以尊重、爱与关心为基础。于是，我们常常不自觉地向那些熟悉的"有毒"关系靠拢，寻找伴侣时往往只是在重演童年的不良关系模式。

人们总是会无意识地做出一些行为和选择，去"重温"童年的创伤，从而继续重复儿时的生活。比如，一个在童年时期被强势、控制欲强的父母抚养长大的孩子，成年后可能会倾向于选择一个同样控制欲强的伴侣。这是因为这种相处模式是他们所熟悉的，尽管它并不健康，他们甚至会在心底里想着这次也许能改变现状。然而，事实往往是，他们只是重复了童年时的创伤体验。

再比如，那些小时候经常受到批评和否定的人，长大后可能很难接受他人的赞美和善意。因为这些积极的反馈对他们来说太过陌生，他们已经习惯了自我否定和批评的无限循环，突然得到的赞美只会让他们无所适从。

我的原生家庭

- 用三个词形容我的父母

- 用三个词形容我和我母亲的关系

- 用三个词形容我和我父亲的关系

- 如果我将来成为父母（或已经是父母），我希望哪些地方像自己的父母

- 如果我将来成为父母（或已经是父母），我不希望哪些地方像自己的父母

你是父母的情绪垃圾桶吗

很多人认为，我们的记忆从出生后或几岁开始才形成。但实际上，记忆的形成可以追溯到我们还在母亲肚子里的时候。母亲的情绪和感受会直接影响胎儿，并留存在其潜意识中。你可能会觉得，"几岁前的事情，我完全不记得了呀"，你也许想不起来了，但你并没有忘记，这些记忆变成了体验和感受，深埋在了潜意识中。

知名心理学者武志红曾在书中分享了一个案例，一位男子总是在五月与伴侣分手。刚开始他并不清楚其中的原因，但后来发现是由于在母亲肚子里时体验到了深层次的情感记忆，这种感觉引导他在这一特定时间点重复相同的分离行为。

这说明从生命开始之初，我们就已经在不断接受和内化各种情绪和感受。

父母情绪不稳定有多可怕

幼年的孩子会像海绵一样吸收父母的情绪，还有周围的经验、知识和方法，不仅包括正面的，也包括负面的。作为孩子，他们无法选择，只能被动接受。如果父母因工作压力大而对孩子表现出缺乏耐心，孩子往往会感到内疚和自责，因为他们尚无能力理解这些情绪其实源于父母自身的问题。

孩子对母亲的情绪极为敏感，他们内心深处希望母亲是快乐和幸福的，因此常常会下意识地配合母亲的情绪表现。如果母亲经常诉说痛苦，孩子会甘愿成为母亲的情绪垃圾桶，无条件地接纳她的苦楚。如果母亲爱发脾气，孩子要么学会察言观色，尽量避免触怒她，要么被动配合，让她的脾气得以继续发作。这样的孩子长大后，可能依然会背负着父母的"课题"。在他们的心底，父母还在吃苦受难，他们怎么能享受人生呢？因此，他们不敢享乐，会在花钱时产生内疚，甚至会在潜意识中阻止自己成功。因为成功意味着和父母拉开差距，就意味着丢下父母不管了。

小小的孩子并不能理解事件背后的真正原因。也许母亲发脾气是因为家庭经济问题，也许只是她当天心情不好或与亲人争吵。但孩子无法理解这一切，当母亲对自己发脾气时，他们常常会将问题归结于自己，认为"是我不乖，妈妈才会生气"。因此，小时候父母对待我们的方式深刻影响了我们对自我价值的认知。

然而，我们应该意识到，我们的价值不应该取决于他人的

看法和对待方式。父母需要意识到，自己的情绪不应被无意识地转嫁给孩子，避免让孩子承担他们本不该承受的情感负担。

如何正确发脾气

> "你身边的人什么样，你就会成为什么样的人。"

孩子从小就开始模仿身边长者的行为方式，特别是在情绪表达方面。孩子经常会模仿父母展现出的情感，很难想象在一个有抑郁倾向的母亲身边，孩子还能保持阳光快乐。

孩子会通过观察学习如何表达和调节自己的情绪。婴儿几个月大的时候，母亲如果更多地表现出愉快、惊讶等积极情绪，并较少关注孩子的消极情绪，这种行为会成为婴儿的榜样，让他们学会表达自己的积极情绪。相反，如果家庭中照料者与婴儿的互动较少，尤其是在婴儿表达不安或哭闹等消极情绪时，总是要求他们保持安静，久而久之，孩子往往会逐渐学会压抑自己的真实情感，变得不善于表达。

研究表明，父亲与孩子之间建立安全且支持性的关系，有助于孩子培养独立性和情绪管理能力。然而，在那些长期被消极情绪笼罩的家庭中，孩子长大后往往也难以调节自己的负面情绪，不知道该如何应对不好的心情。如果父母能够通过有效的方法帮助孩子理解和处理负面情绪，将有助于孩子与自己的感受建立更深的联系，并学会更好地调节情绪。

高情商的人往往在童年时期获得了父母稳定的爱与关怀，父母的情绪也相对稳定。这种稳定的情感支持使他们在成长过程中不易被情绪左右，能够客观看待自己的情感，并且擅长从负面情绪中调整自我。他们能够有效表达自己的内心想法，不会因为他人的感受而压抑自己。许多人在童年表达负面情绪时遭到了家长的呵斥，或被选择性忽视。久而久之，他们学会了压抑情绪，并优先考虑不让他人难受。这种模式导致他们长大后倾向于讨好他人，而忽视自我需求。

高情商不仅表现在自我调节上，还体现在对他人情绪的敏锐感知和理性回应能力上。他们能够理解他人的感受，进而建立和谐的人际关系。

很多时候我们表达情绪的方式是在模仿父母。如果父母遇到事情喜欢生闷气、闹冷战，我们也会把这种方式运用到未来的人际交往中。如果父母容易发脾气，总是用起冲突的方式解决问题，那么我们遇到事情也会习惯用暴力解决。

我们在前文提到，每一种情绪都有其存在的意义。但是当我们遇到矛盾时，如果乱发脾气，表现出很强的攻击性，目的只是战胜、羞辱对方，那就本末倒置了。表达愤怒是为了捍卫自己的权利，但毫无目的地发脾气不仅解决不了问题，还会影响我们的决策力，甚至影响周边人对我们的态度。

表达愤怒时要记得：

（1）自己的目的是什么，是因为权利受到了侵犯，还是需求没有得到满足，抑或是受到了伤害；

（2）合理表达自己的需求和真实感受，而不是情绪化地进行宣泄，也不是漫无目的地翻旧账；

（3）多说自己的感受和希望，而不是对方的错误或失误；

（4）站在解决问题的立场表达情绪，你希望如何通过这次事件改善未来的结果，如何与对方共同达成这个目标。

发脾气是你的权利，也是保护自己的义务，但只有合理地表达愤怒才能真正对自己有帮助。

代际创伤

在生命的长河中，每个人在家族中都有自己的位置，每一代人都会对下一代产生深远的影响。每个人都被编织在一张大网上，彼此相连，有着一套排列规则。

就像基因会一代代相传，家族的创伤也会一代代相传。代际创伤是指这种创伤带来的影响不仅停留在表面的教育和行为模式上，而且深植于家族成员的内心，代代相传。即使你从未见过你的祖辈，他们的认知模式、行为习惯依然可能通过你的父母传递给你，并潜移默化地影响你的生活。不出意外，你还会继续传给你的子女。

就像有的人小时候受尽家长的批评和辱骂，当他长大成人后有了自己的孩子，他仍会沿用父母那一套毒辣的手段，打压自己的孩子。尽管这个人十分痛恨父母曾经这样对待自己，也知道这样是不对的，但他就是控制不住自己。

原生家庭最可怕的不是贫穷

家长作为孩子的第一任导师，其认知模式和价值观往往会深深影响孩子的成长。如果家长从小受环境制约，束缚了自己的认知发展，没有机会拓宽思维广度，看不到更多的可能性，不敢试错，这种局限的思维不仅让家长自身陷入狭窄的世界观中，也把孩子困在了相同的世界里。有时，原生家庭并没有让我们的人生变得多糟糕，而是让我们的人生总也好不起来。

在某些家庭中，家长因受限于"单线思维"，认为只有考上好大学、找到好工作才是人生的出路。当家长因孩子不自律或学习拖拉而愤怒时，他们通常只看到孩子表面的行为问题，却忽视了环境、家庭氛围、家长的榜样作用等更深层次的因素。这种局限的认知往往会让家长在养育中对孩子采取批评、指责的方式，这反而进一步削弱了孩子的自信心，让孩子对学习产生更强的抵触心理，导致成绩更差，做其他事情也缺乏信心，最后可能什么都做不好，进入恶性循环。长此以往，孩子在这种环境中成长，可能会失去独立思考和探索自我的能力，最终陷入一种精神上的停滞状态。这导致孩子长大后进入社会，虽然摆脱了家长的束缚，但仍不知道自己想要什么、热爱什么，潦草地做出选择，潦草地过完一生。

原生家庭最可怕的从来都不是贫穷，而是父母认知的狭隘，并且还要把这副枷锁套在孩子身上。难跨越的从来都不是阶级，而是认知。想让你的下一代过上幸福的人生，只要让他看到你正过着幸福的人生就可以了，无须做任何"修正"他的事。

修复与父母的关系

与原生家庭和解，修复与父母的关系非常重要，因为我们人生最初的能量都来自家庭，这些关系模式和行为影响了我们的学业、事业、择偶、财富及健康等方方面面。

> "家和万事兴"这句话，其实最重要的是其前后的几句。
>
> 父爱则母静，母静则子安；子安则家和，家和万事兴。
>
> 父懒则母苦，母苦则子惧；子惧则家衰，家衰败三代。

我们人生的原动力来自原生家庭。幸福和睦的家庭能给我们带来源源不断的能量和动力，让我们在人生中不断进取。但是，不幸、困苦、缺乏爱与尊重的家庭会让一个人精神匮乏，缺乏心力和动力，想要努力也使不上劲。

首先，我们要学会看到自己的伤痛。 很多人不愿意承认父母对自己有不合理的教养行为，这会让他们觉得是在指责父母，让他们感到内疚和自责。

其次，与父母"分离"。 这种分离是指与他们的苦难分离，把他们的"课题"还给他们。很多时候，我们在共情他们的苦难，有些人不敢成功，不敢走向更大的舞台，是因为觉得那样就抛弃了父母。

　　*最后，拿回属于自己的力量。*我们从小就活在父母的权威之下，如果在缺乏尊重和爱的环境中，我们很难建立属于自己的能量。小时候的我们要靠父母才能活下来，随着父母的衰老，他们越来越微弱。但是，我们却始终没能建立属于自己的能量，于是人生越来越没有方向。从现在起，我们要学会建立自己内心的能量。

代际创伤的终止：把自己重新养一遍

　　当然，即使是再懂得育儿的父母，也会在某些时刻无法满足孩子的需求，出现疏忽或失调的行为，没有人是完美的。

　　虽然代际创伤可能让人感到愤怒和无奈，原生家庭带来的痛苦的确让人窒息，但我们无法改变我们的父母，他们的认知和行为模式是多年累积的结果，甚至带有时代的烙印。试图通过自身的努力去改变父母或家族的历史是极为困难的。

　　不过，我们也不必为父母找借口，因为我们本就不应该受到这样的对待。

　　我们可以选择重新养育自己，用我们希望被爱的方式来爱自己，用关怀的眼光看自己。你可以通过了解代际创伤的概念，选择在你这一代终止这种创伤，不再将其传递给你的子女。通过包容、接纳自己，打破代际传递的链条，你可以为自己的后代创造一个更加健康、和谐的成长环境，让伤痛在你这里终止。

我的宣言

从现在开始，我不再把我的苦难传递给他人。

从现在开始，我愿意改变自己，

我愿意创造新的经历，

我就是爱的存在，

我愿意向世界传递爱与美好！

我的童年故事

站在第三人称的角度（不是以你的角度），写下你自己的童年故事。如果是他人来讲述你的童年，这个人会怎么写？故事里发生了什么？主人公是如何应对的？以第三人称的角度去描述自己的经历，能让你用更客观的方式看待发生的一切，理解自己的人生发生过什么。

例如，"故事的主人公是一个小女孩，小女孩和爸爸、妈妈、奶奶住在一栋小房子里，小女孩有一个严格的母亲，她会……"

找回自我价值，走出焦虑与内耗

> "此后如竟没有炬火，我便是唯一的光。"
>
> —— 鲁迅

不要把自我客体化

自我概念是人们对自己的一种全面评价，包括外貌、能力、社会角色和地位等方面的认知。每个人由于对自我聚焦程度的不同，会产生不同的倾向。有的人倾向于通过关注自己的感觉来建立自我意识，他们会想"我的感受是怎样的""我是什么样的"；而有的人则更关注自己在他人眼中的形象，他们会想"我给他人带来什么感受""我在他人眼里什么样"。这种自我概念不仅受到个人经验的影响，也深受童年养育方式的影响。

在建立关于自我的核心信念时，养育者的态度和行为对我们产生了深远的影响。

- **养育者表达爱和关注**：让我们相信自己是可爱的。
- **养育者表达肯定和认可**：让我们相信自己是有价值的。

- **养育者表达信任**：让我们相信自己是有能力的。

这些对自我的认知来自我们从小与养育者、他人及世界的互动。然而，小时候的我们无法客观地评价事物，无法区分事实和观点。随着这些信念的不断强化，这些从小种下的信念种子逐渐长大，最终变成了自我意识的大树。

发展心理学家皮亚杰指出，"每个孩子都是一个小小科学家，他们在探索这个世界并与环境互动的过程中，形成了对这个世界的认知。"孩子每天都在探索新世界，每天都会产生"第一次"的经历，这些探索形成了他们的核心信念。

在这些出现的新环境中，孩子为了能够理解和预测其他人的行为，会更倾向于理解和认同他人心里是怎么想的，而不是体会事实是怎样的。例如，孩子在第一次做演讲时，即使表现优秀，但如果老师评价他做得不好，孩子可能会认同自己做得不好，因为他们无法区分事实和观点。

随着不断成长，我们的生活圈子扩大，经历也随之丰富，这些经历进一步丰富了我们的核心信念，影响了我们对自我的整体评价。一个人如何看待自己，直接影响了他的自尊心。低自尊或高自尊，都是自我评价的反映。

你的价值不取决于他人的评价，而是取决于你如何看待自己。外界的评价只有在你认同时，才会对你产生影响。因此，关键在于你是否认可他人的看法。换一种思维方式，一件事没做好不代表你没有能力或价值；相反，通过调整心态和努力，个人技能和自我认可会得到提升。

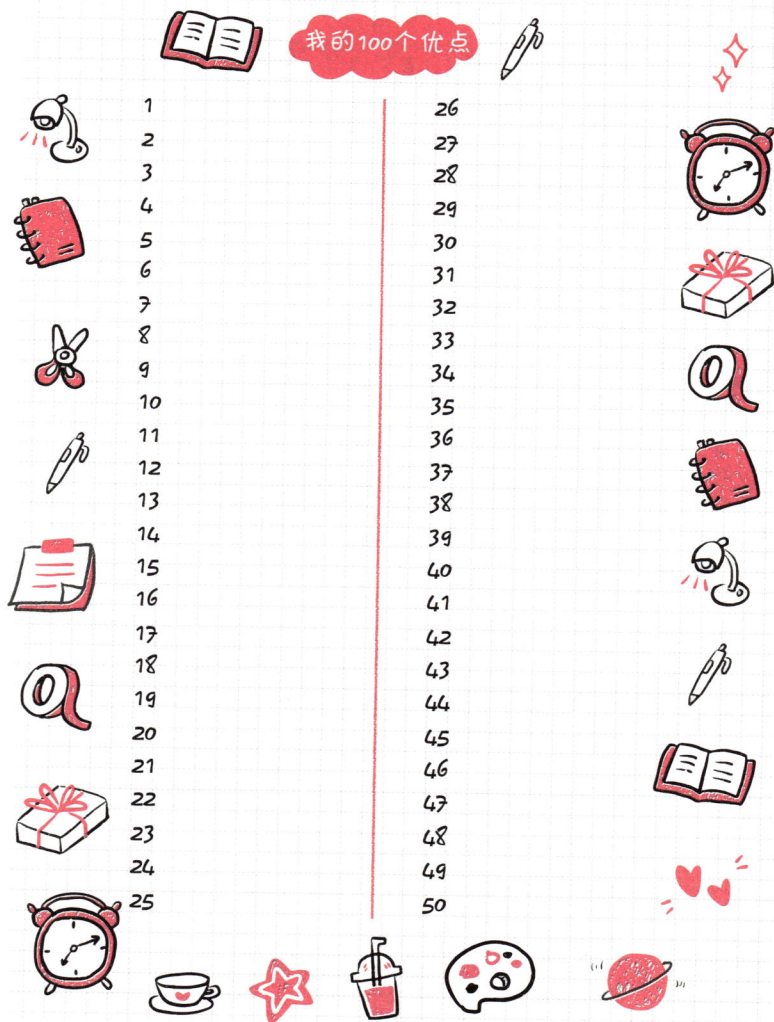

我的100个优点

1	26
2	27
3	28
4	29
5	30
6	31
7	32
8	33
9	34
10	35
11	36
12	37
13	38
14	39
15	40
16	41
17	42
18	43
19	44
20	45
21	46
22	47
23	48
24	49
25	50

我的100个优点

51	76
52	77
53	78
54	79
55	80
56	81
57	82
58	83
59	84
60	85
61	86
62	87
63	88
64	89
65	90
66	91
67	92
68	93
69	94
70	95
71	96
72	97
73	98
74	99
75	100

批评和否定如何摧毁一个人

研究表明，15 岁以下的孩子缺乏客观的自我评价能力，成人的评价容易对孩子产生深远的影响。当父母或其他长辈习惯性地批评孩子并给孩子贴上负面标签时，孩子会认同这些评价，认为自己确实如大人所说的那样不好。比如，有的家长会说，孩子不做家务就是好吃懒做，没达到要求就让人失望，考试没考好就是能力不行，没有和长辈打招呼就是不大方，等等。

这种批评方式不仅贬低了孩子的品性，还会在孩子心中形成一种自我否定的意识，导致他们按照这些负面标签去行动。当孩子内心深处认定自己不好时，他们往往不会做出改变，而是变得更加懒惰和不上进。

小时候的我们习惯于接受父母的批评，成年后尽管父母已经不在身边，但他们的声音却深深扎根在我们心中，变成了我们内心的自我批评。

很多人在成年后仍然会对自己十分苛刻，追求完美，不能容忍错误。这种行为通常源于童年时父母对自己的挑剔。即使意识到了这种影响，很多人仍然认为对自己严格一些是好的，会帮助自己取得更大的成就。然而，他们犯错时会陷入深深的自责，觉得自己是彻底的失败者。

　　我们应该更多地关注孩子的积极行为，一旦发现孩子做得好的和擅长之处就给予赞美和表扬。这样，孩子会相信自己是优秀的，能在行动中找到乐趣，越做越好。

　　父母的教条不是世界唯一的标准，这个世界上有更多值得我们探索的东西。学会与自己和解，重新建立与自我的连接，找回真正的自我价值，只有这样才能走出焦虑与内耗，迎接更加美好的人生。

我的宣言

　　过去的事情伤害不了现在的我。

　　我已经不是当初那个小孩了，我有能力对我的生活负责。

　　我有权利选择自己的人生，我是我人生的唯一负责人。

　　我对我自己负责。

父母是怎么批评我的

我的父母在什么情况下会
批评我

现在的我会在什么情况下进行
自我批评

批评我时，他们会说些什么

我在做自我批评的时候，会对
自己说些什么

他们批评我时，我的感受是
什么

当我自我批评时，我的感受
是什么

讨好型人格的自我救赎

扔掉玻璃心，重拾自信

我们如何评价自我就是自尊，自尊就是对自己的满意程度。

高自尊的人对自己感到满意，他们既能看到自己的优点，也能正视自己的缺点。相反，低自尊者往往对自己不满，他们过度关注自身的缺点，而忽视了自己的优点。

自尊的形成与童年时期父母的养育方式、成长环境、重要他人的评价和同伴间的比较密切相关。正如前文所述，安全型依恋的孩子更倾向于认为自己是可爱且有价值的，因此也更容易拥有高自尊。父母若能给予孩子更多积极的评价与互动，孩子也会倾向于建立高自尊。

同时，自尊也源于与他人的比较。尤其是在青少年时期，孩子的自我意识逐渐增强，开始在各个方面与同龄人进行比较，导致自尊在这段时间会有所下降。这时，父母应给予孩子更多的关注。然而，通常情况下，随着孩子的成长，其自尊会逐渐恢复并保持稳定。

实验研究表明：

- 高自尊的人较少出现抑郁问题；

- 低自尊的年轻人在身体和心理健康方面都会表现较差；

- 儿童的学习成绩也会受到自尊心的影响，高自尊的孩子也会成绩更好；

- 但是，高自尊的人有时会表现出攻击性。

低自尊者往往感到自己"不够好"，并有一种"不配得"的感受。这些人的核心信念通常是自己无能，认为生活是被外界操控的，自己无力做出改变，从而失去了对生活的主动权。他们通常觉得自己很不幸，是生活的受害者，这类人经常抱怨糟糕的工作、破败的房子和不满意的收入。如果你经常使用负面的口头禅，那么你也在无意中把自己放在了受害者的位置上。

小时候我们受到的批评往往会逐渐内化。长大后，我们就成了那个批评自己的人。当我们说错一句话、没做好一件事时，内心的批评声音便会跳出来，严厉指责我们"怎么连这点事都做不好"。

当自我怀疑和自我否定的想法出现时，我们往往会不自觉地认同这些想法并深陷其中。还记得我在第 1 章中提到的自动思维吗？每当你因为没做好一件事而自责时，提醒自己："我的自动思维又跑出来了！"

> 试着挑战上面这些负面想法：
> "这些想法真的对吗？"
> "有什么证据能证明它是对的。"

　　举例来说，在做演讲时，如果因为一部分内容讲得磕磕巴巴，结束后感到羞愧，觉得自己的磕巴毁掉了整个演讲，而忽视了自己讲得好的部分。这时，自我批评的自动思维会跳出来，说"我讲得太差了，太丢人了""以后不会再有人邀请我做演讲了"。

　　首先，要意识到这是自动思维，要明白脑海中的想法未必都是对的，大部分想法只是你"认为"的，并不是客观事实。这些想法可能来自过去的经验或核心信念，也许小时候有人这样评价过你。

　　其次，记住，你是你，你的想法只是想法。问问自己，这个想法有助于达成自己的目标吗？"以后不会再有人邀请我做演讲了"这个想法有助于我下次表现得更好吗？显然没有。所以，既然这些想法不能帮助你实现更大的目标，那就释放这些思维，用积极的思想代替它们。

　　每当产生自我否定的念头时，可以运用第 1 章中介绍的相关练习进行调节。

给自己写一封信

给过去的自己写一封信，这个"过去的自己"可以是一个泛指，比如从今天算起以前的你，也可以指某个特定时期的你，比如上初中的你，十几岁的你，你最想和哪个时期的自己坐下来聊聊天？

高敏感人士的解药：信任与爱

我们的力量和能量源自信任——相信自己、相信他人、相信这个世界。只有在信任的基础上，我们才能发挥出自己的潜力。

面对孩子，要表达信任与爱

在面对孩子时，父母要表达出信任与爱。当父母过分担忧孩子能否完成某件事时，传递的往往是一种不信任感，这种焦虑会让孩子也开始怀疑自己："我到底能做好吗？"结果，孩子就会觉得自己能力不足，无法把事情做好。

实际上，任何事情都有解决的方法。父母的担忧源自对自己的不信任，害怕发生无法应对的事情。这种担忧会给孩子带来无形的压力，让他们对未知和不确定性产生恐惧，总觉得有一个看不见的庞然大物会突然出现，自己无法应对，这也是导致孩子不自信的原因之一。

还有一种情况，有些父母表达担忧的目的是质疑孩子的能力，借此让孩子依赖自己，从而达到控制孩子的目的。

我从父母那里学到的

我从父母那里学到的三个优秀的品质

我从父母那里学到的三个不良的品质

面对自己，要相信自己

当你有了自信时，你就敢去做，这种勇气至关重要。当你的信念坚定，认定自己是有能力的时，你就会行动起来，去争取，去寻找方法，并在过程中不断进步。相比之下，不自信的人连迈出第一步的勇气都没有，甚至在做的过程中也不会全力以赴。有时，哪怕稍微自负一些，也好过自卑，因为自卑会让你错失机会。

自信并不是盲目地认为自己无所不能，而是知道虽然有些事我还不会做，但我一定有能力改变现状。自信的心态源自那些让你自信的经历，而这些经历是通过行动创造的。你不可能坐在那里等待自信的降临，只有通过不断塑造正向反馈的经历，才能收获自信。当然，在这个过程中一定会有挫折，但只要不放弃，就一定会带来改变。

我的宣言

我为自己感到自豪，还有一点骄傲。

你从一个小小的单细胞成长为今天顶天立地的人，你的出生和存在就是宇宙中最伟大的奇迹。精神力量是真实存在的，运动员能在极端恶劣的条件下取得突破性的成绩，靠的正是精神力量，而你也拥有这种力量。

只有丰富自己的内在，扩大心灵的容量，才能吸引到更好的物质和人。如果不扩展内在空间，怎么能容纳更多的财富、更大的机遇和更美好的生活呢？信心就是扩大内在的方式。你越坚定地相信自己，你的容量就会越大。你羡慕的生活，你渴望成为的人，都会向你靠拢。如果过去的你选择了放弃，今天的你就不会站在这里。所以，为了未来的自己，千万不要放弃，坚持住，行动起来吧！

你知道为什么有人类吗？有句话说，因为神无法亲自体验自己的伟大，所以创造了你。世间万事万物都是为你创造的，去体验一切，感受一切吧！

用一句话形容人生

如果用一句话形容我现在的人生

如果用一句话形容我期待的人生

我的人生TOP5

人生最幸福的5件事
1.
2.
3.
4.
5.

人生最伤感的5件事
1.
2.
3.
4.
5.

最喜欢的5个地方/城市
1.
2.
3.
4.
5.

我最好的5个朋友
1.
2.
3.
4.
5.

我最喜欢的5种食物
1.
2.
3.
4.
5.

我最美妙的5次旅行
1.
2.
3.
4.
5.

我做过的5个最重要的决定
1.
2.
3.
4.
5.

我最骄傲的5件事
1.
2.
3.
4.
5.

我最难忘的5次经历
1.
2.
3.
4.
5.

我最尴尬的5件事
1.
2.
3.
4.
5.

我生命中最重要的5个人
1.
2.
3.
4.
5.

我最珍贵的5样东西
1.
2.
3.
4.
5.

人际关系内耗怎么办

> 　　早年与养育者建立的关系模式，往往成为我们成年后人际关系的镜子。

　　父母如何回应我们的需求，如何表达爱意，如何与我们互动，都深深地影响着我们今后与他人交往的方式。比如，一个具有混乱型依恋模式的婴儿，一方面渴望亲近母亲，另一方面却又抗拒母亲的靠近。这种矛盾的情感在其成年后的亲密关系中也会重现——明明喜欢对方，却又因害怕受伤而将对方推开。

童年模式如何影响人际关系

　　在日复一日的互动中，婴儿逐渐学会如何理解他人及他人如何对待自己。这种互动模式被婴儿内化，形成了他们对世界运作方式的基本认知。随着不断成长，这种在早期与养育者互动中形成的模式会延伸到他们成年后的人际关系中。因此，成年后的我们如何与他人相处，往往源自儿时与父母的互动方式。

　　那些在幼年时受到母亲关爱并得到及时、积极回应的孩子会相信他人是可靠且值得信赖的，因此更容易在成年后的人际关系中表现出信任和吸引力。相反，那些在幼年时被母亲忽视甚至虐待的孩子往往会感到他人也是不友善的，甚至会伤害自己，导致他们在成年后的人际交往中缺乏安全感。

社交焦虑的根源

社交焦虑往往伴随着深深的羞耻感，这种羞耻感让人面红耳赤，尴尬不已，仿佛自己被暴露在众目睽睽之下，无所遁形。而且，大多数社交焦虑的人在社交活动开始前就会陷入焦虑之中，开始为即将发生的事情感到紧张害怕。

没有被善待的过往

如果过去的经历让我们形成了"他人不友善，世界不安全，我也不够好"的核心信念，那么社交活动对我们而言无异于进入一片潜藏危险的原始丛林。因为对他人和世界抱有敌意的预期，使得社交焦虑者在进行社交活动前就陷入恐惧和紧张之中。

认为自己不够好的人不敢表达自己的真实想法，往往一句想说的话在心里权衡许久，却迟迟无法说出口。他们太害怕说错话，太害怕遭到否定。这种对自我表达的恐惧，往往源自童年时期被批评、被压制的经历。这些记忆深入骨髓，即便眼前的人与过去如同"暴君"的父母毫无相似之处，那种对人的惧怕依然会在关键时刻跳出来作祟。

拿着放大镜看自己

社交焦虑者通常过分关注自己，生怕犯错，像拿着一面放大镜一般审视自己的言行。一旦有一点不符合他们自己制定的标准，便会觉得自己彻底失败了。同时，他们误以为他人也在时刻注视自己的一举一动，这种认知扭曲加剧自卑感，形成了恶性循环。

他人怎么对你取决于你怎么对自己

> 你眼里的自己不一定是你自己，
> 他人眼里的你也不一定是你自己，
> 你眼中的他人才是你自己。

他人是我们对自己看法的投射，就像遇到同一件事，不同的认知会导致人产生不同的情绪和行为。所以，内在对自己有不同看法的我们面对不同的人，就会产生不同的看法。

看他人时，就像在照镜子，映照出的是我们内心的自我认知。

比如，在工作中遇到恼人的同事时，我们可能因为不接纳自己在某方面的表现而感到愤怒，内心希望问题出在他人身上，所以会对同事生气，以此减轻内心深处对自己的苛责。又比如，当孩子遇到问题大哭时，家长表现出不耐烦，可能是因为他们不愿面对自己的脆弱和无力，不允许自己有负面情绪，因而选择忽视孩子的需求。

前几章的写作练习通过重塑认知来改变行为，而本章则旨在通过行为改变认知。塑造全新的经验可以改变我们对自己和他人的看法。如果我们始终不做任何改变，虽然表面上看似安全，但实际上，我们会继续困在原地，为现状苦恼不已。只有通过尝试，我们才能收获不同的结果。也许在走出舒适区的过程中，我们会碰壁一次、两次甚至多次，但当我们"遇到"一次胜利时，这个可贵的成功经历就能改变原有的认知，我们会看到一个不一样的自己和一个更广阔的世界。

社交达人培养计划1

社交焦虑场景攻破 ♥♥

把所有让你感到紧张、焦虑的场景列出来。

这里有一些常见的场景，继续补充你的清单。

○ 公司会议

○ 同事聚餐

○ 体育课上

○ 到高档餐厅用餐

○ 社交舞会

○ 和陌生人说话

○ 向客户介绍公司项目

○ 约会

○ 打电话

○ 发工作邮件

○ 和一群不太熟的人聚餐

继续补充：

_____

_____

_____

_____

然后对所有场景进行排序，按照让你没那么焦虑到非常焦虑的顺序进行排列。比如打电话，是相对让你产生焦虑感最轻的，就排成1，以此类推。

然后从易到难，逐个攻破这些令你紧张的场景。从最简单的开始，一个一个地练习，针对每一个场景，主动地找机会尝试，制定一个社交计划，比如每周一次和陌生人说话，每天主动加入同事的聊天。但是，你不需要强迫自己，改变是需要一步一步来的。

社交焦虑场景排序，从易到难

1

2

3

4

5

6

7

8

9

10

11

12

13

14

15

16

17

18

19

20

社交达人培养计划2

令我害羞的人 ✧◇

有时，让我们感到害羞的是一些特定的人，他们也许有一些
共同的特质、行为或语言激起了我们的紧张感。回忆在与你
打过交道的人中，让你感到害羞的人，把他们列出来，找出
他们的共同点，他们的什么特质让你感到害羞？你早年接触
的人中有哪些人和他们相似？让我感到害羞的人：

○
○
○
○
○
○
○
○
○
○

他们有什么共同点：

_____

_____

_____

_____

社交达人培养计划3

社交活动预演

以下为社交活动预演指南。在社交活动开始前，你可以尝试以下行动以减少紧张感。

- **缓解压力。** 在心中详细预演整个社交活动的过程，尽可能了解活动的各个环节。如果条件允许，可以提前了解活动的来宾，减少未知因素以降低焦虑感。

- **着装得体。** 提前了解社交场合的着装要求。选择得体的服装和合适的妆容，这不仅能让你更加自信，还能帮助你在社交场合更舒适地表现自己。

- **放松训练。** 在活动开始前尝试冥想，或者听音乐放松，帮助自己平静下来。

- **视觉化。** 在脑海中想象自己与其他宾客愉快交谈的情景，以及活动顺利进行的画面。也可以想象如果是你非常尊敬的或崇拜的人，会如何应对这个社交场合，从中获取灵感和自信。

第 4 章

读懂潜意识，让好运常伴

"人的精神有三种境界：骆驼、狮子和婴儿。

第一境界骆驼，忍辱负重，被动地听命于别人或命运的安排；

第二境界狮子，把被动变成主动，由'你应该'到'我要'，一切由我主动争取，主动负起人生责任；

第三境界婴儿，这是一种'我是'的状态，活在当下，享受现在的一切。"

——尼采

所谓命运，就是潜意识的呈现

你是否有过这样的经历？

- 和某个人明明是第一次见面，却感觉像老友重逢，仿佛认识了很久。
- 反复做同一个梦，仿佛在诉说着什么。
- 总是莫名其妙地被同一种类型的人吸引。
- 成功"预言"过某些事情的发生。

这些特殊的经历，或许都源自潜意识。

潜意识的力量

潜意识是深埋在我们意识之下的东西，很难被直接察觉，却无时无刻不在支配着我们的行为和思想。

荣格曾说："你的潜意识正在操控你的人生，你却称之为'命运'。"

在前文，我们提到了认知和思维，这些是在我们有意识状态下产生的觉知。虽然它们也不容易被察觉，但毕竟是我们对自己和外部世界的意识，你可以通过观察发现自己正在思考什么。然而，潜意识就不简单了，它更复杂且难以触及。它就像深埋在海底的宝藏箱子，你知道它的存在，但却找不到它，也无法确定里面究竟藏着什么。有时，潜意识会通过梦境、口误或异常行为透露出蛛丝马迹。

举个简单的例子。

小 A 和小 B 走在街上，突然迎面走来一位"黑衣男子"。小 A 心中一惊，感到一丝恐惧划过心头，但瞬间这种感觉就消失了。这可能是因为小 A 曾经在现实中或影视作品中见过形象类似的人，而这个人当时的一些行为让小 A 感到恐惧，这种感觉被深深地"写"入了她的潜意识中。当她再次遇到感觉看上去相似的人时，这种恐惧感便被激发出来。

小 B 的反应却完全不同，她突然觉得这位男士非常有魅力，被他吸引，甚至想要认识他。这可能是因为这位男士的特征让小 B 想起了某种熟悉的感觉，过去的情感被唤起，于是她对眼前的人产生了好感。

潜意识难以被察觉，但它却在无形中影响着我们的情感和行为。以上例子只是为了帮助大家理解潜意识的概念，切勿对号入座，因为每个人的经历实在是千差万别，不可一概而论。

有一种说法，六七岁的孩子能够与"上帝"相连。因为在六七岁之前，孩子的大脑尚未被各种杂念填满，仍然充满着想象力和创造力。从这个时期开始，他们开始为自己的大脑编写潜意识的代码。孩子们无须任何人教导，就能从养育者、身边的人和环境中汲取认知，通过观察和模仿，学习世界的运作规则。或者更准确地说，学习属于自己那片"小社会"的规则。每个人出生的环境不同，这些早期经验塑造了操控他们一生的潜意识。

比如一个人早年被怎样对待过，他会在潜意识里认为自己就是这样的人，就该被这样对待。被善待的人会相信"我是会被善待的"，经历过不被尊重甚至虐待的人会相信"我不值得被善待"或"他人都不友善"，一旦这种信念和自我定位建立，一个人会在成年后不断重复这种状态，按照以前的方式和他人互动和建立关系，允许他人按照以前自己经历的方式对待自己。

比如有的父母情绪不稳定，他们的孩子从小就学会了察言观色，对他人的情绪异常敏感，因为只有这样才能在那个环境中生存下来。这类孩子长大后依然相信身边的人是情绪不稳定的，会随时发脾气，因此在任何场合都战战兢兢，甚至他们还会主动找寻对自己发脾气的人。

正如我在前文讨论的，成年后的我们，不过是在重复儿时的生活习惯罢了。寻找恋人时，我们会在潜意识里寻找与父母相似或相反的人。对于事业，我们也会按儿时熟悉的氛围、安全感去选择，有时甚至和上司的关系都像与父母的关系。成年后的生活，也不过是童年生活的延续。

潜意识如何操控你

潜意识在无形中控制着你，给你的人生设定了"宿命"般的轨迹。

老是想辞职的小希

有一段时间，小希突然产生了强烈的辞职念头，想去更大的平台，或者干脆自己创业。经过与咨询师对话，他发现自己在去年同一时间也有过辞职的冲动。当时他熬过了那个时期，辞职的想法渐渐消退，于是最终选择留了下来。两次冲动的时间都发生在八月。进一步分析后发现，小希职业生涯中的几次重要的升职、换岗都发生在八月左右，甚至几年中的出国旅行也都安排在八月。

这个发现引起了咨询师的注意：为什么八月对小希如

此特别？

　　通过梦境解读和自我剖析，终于找到了原因。中学时期，小希经历了一次大的变迁，搬到了一个全新的城市，从原来的学校转学到了一所新学校。而这一切正是在八月发生的。那个八月，他得知了要离开熟悉的环境和朋友的消息，心中充满了分离焦虑。一方面，他对离开感到悲伤；另一方面，他又对新的开始充满期待。这种悲伤和期待的矛盾情感深深地印刻在了他的潜意识中。所以，每到八月，也许是夏日的高温、熟悉的景象唤起了他当年的感受，潜意识开始运作，让熟悉的分离焦虑来袭，催促他该离开了。因此，每到八月，小希就总是要做些变动，不是辞职，就是外出旅行。

　　荣格还说过："当潜意识被呈现，命运就被改写了。"自从意识到自己的潜意识运作方式后，小希不再执着于将出游安排在八月，也很少再有辞职的冲动。

　　每当看到行为背后的原因时，总让人不禁感叹潜意识的奇妙之处。我们的身体是多么爱护我们，它们以独特的方式不停地运作，让我们走上一条属于自己的独一无二的路。

我人生中的大事件

回忆曾发生在你人生中的重要节点和事件。

事件1：   时间：

事情经过：

给我的生活带来的变化：

给我带来的感受：

事件2：   时间：

事情经过：

给我的生活带来的变化：

给我带来的感受：

事件3：   时间：

事情经过：

给我的生活带来的变化：

给我带来的感受：

你相信什么，就会吸引什么

潜意识从我们出生以来，就不断积累，并深深印入我们的脑海中。它不仅影响我们的决策、选择和反应，甚至有些看似是外界发生、不受我们控制的事情，其实也可能是潜意识运作的结果。

潜意识和自动思维在某些方面非常相似。当你在意识中产生一个想法或信念，潜意识会毫不质疑地接受，并全力执行这个命令，无论真假对错。正因为如此，你的信念是什么样的，你的世界就会是什么样的。当你没有下定决心时，生活中似乎处处都是难题；而当你下定决心时，几乎没有什么事是做不到的。

拳王阿里曾经说过，在每场比赛开始前，他会在头脑中详细想象自己如何一步步取得胜利。结果就是，他真的赢得了比赛。这种通过想象实现目标的现象，正好验证了潜意识的强大力量。

科学家也曾做过类似的实验，他们先让运动员在现实中完成比赛动作，然后让他们静坐不动，仅在头脑中想象自己完成比赛动作。实验结果显示，运动员在两种情况下的肌肉神经反应几乎完全一致。这就是说，在头脑中想象做运动的场景，与在现实中做相同动作，给大脑带来的感觉是一样的。因此，对拳王阿里来说，他在头脑中勾勒出胜利的场景，潜意识就会将其视为真实发生的，会像得到了命令一样按照这个目标去行动，最终完成了胜利的任务。

如何运用潜意识

潜意识是这样运作的

　　潜意识之所以如此强大，是因为每当我们在意识中种下一颗想法的种子（可以是一个目标、一个结果、一个信念），潜意识就会像一只猎狗一样四处搜寻实现这个目标的线索。这些线索可以来自当下的事情，也可以来自你过去的经历。对拳王阿里来说，他的潜意识会在比赛过程中找到合适的机会，不断帮助他调整战术，直至胜利。学会运用潜意识，你会发现人生好运常伴。

　　有时，当你冥思苦想时，潜意识可能会突然给你一个灵光一现的好点子，帮助你完美解决问题。这种现象不是偶然的，而是因为你的大脑中早已储存了丰富的经验和信息，只是平时被各种思绪遮蔽了。当你清空思绪，做到静心或放松时，潜意识就会浮现，提供你所需要的答案。

记得有一次，我正在筹备新书，书里有一部分内容始终欠缺实践资料的支持，我到处搜寻也无果。结果有一天，我正在冥想时，一本五年前看过的书从记忆深处浮出脑海。于是，我赶紧找到了那本书，翻开一看，发现里面果真有我需要的一切。

我们自出生以来的记忆并没有被忘记，而是被深深埋在了大脑暗处。我们是充满智慧的，这么多年的经历、收集的信息足以帮助我们完成任何事，做出任何更优的决策。当我们专注于自我时，我们的内在会指引我们，给我们提供各种各样的方法和线索。学会读懂潜意识，我们会发现，答案一直都在自己手中。

灵感时刻

如何通过潜意识，让我们有更多的"灵光乍现"的时刻？

（1）清空大脑

想象你的大脑是一片蓝天，而思绪就是遮蔽蓝天的乌云。为了让潜意识中的好点子浮现，你需要学会清空大脑，让这些思绪飘走。冥想、写日记、减少社交媒体的使用都有助于驱赶思绪，还你一片清明的心境。

连爱因斯坦都说，他的灵感不是靠思维和脑袋里的想法得出来的，而是在"无念"的状态下产生的，清空大脑，让心静下来，灵感就会浮现。

（2）学会辨别

灵感往往在你不经意间出现，它们可能与当下的事情无关，甚至和你的惯常风格背道而驰。这正是潜意识为你开辟的新路径，抓住这些瞬间出现的想法往往会带来惊喜。

（3）立刻行动

当一个好点子出现时，不要犹豫，立刻行动。很多人忽视了自己灵光乍现的时刻，导致许多机会白白溜走。下次，当你突然想去某个地方或想起某个人时，不妨立即行动起来，也许会有意想不到的收获。

如果人生有如果

如果我可以成为一只动物，我会是

如果我被困在一艘豪华邮轮上，只有我一个人，我会做

如果我能拥有一项超能力，会是

如果我能回到过去改变一件事，我会

如果我遇到阿拉丁神灯，我会许下的三个愿望是

如果我可以知道一件事的答案，这件事是

如果家里着火了，我只能抢救一样东西，会是

如果我被困在荒岛上，只有我一个人，我会做

如果我可以掌握一个我现在不具备的技能，会是

如果我可以改变我的一个性格，会是

如果我可以和任何人共进晚餐，这个人是

口头禅是未来的预言

有时，我们会坚信某件事一定会成真，无论好事还是坏事。当结果如我们所料时，我们会得意地说："你看，我早就说过了！"这就是自证预言的力量。当我们在意识层面认定某种情境必然发生时，潜意识会推动事情朝那个方向发展，最终让我们之前的预期变为现实。

口头禅就是一种自证预言，小心你经常说的话，因为你的话里藏着你的未来。

> 经常抱怨自己倒霉，会招致更多的不幸；
>
> 经常抱怨孩子不听话，孩子就会变得越来越难管教；
>
> 经常抱怨伴侣不体贴，伴侣会变得更加疏远；
>
> 经常抱怨自己身体不好，会招来更多的疾病。

选出我的口头禅

以下两类口头禅中，哪一类的是你经常说的？

口头禅A	口头禅B
我真倒霉	我真幸运
为什么总是我	机会来了
没办法了	一定能找到办法
怎么可能	为什么不可能
累死我了	下次我可以×××
都怪××	这没什么
做梦吧	听起来不错
烦死了	谢谢
真讨厌	对不起
我不行	我试试
我买不起	我怎样可以买得起
我没钱	我现在有什么办法

抱怨是在给自己招霉运

潜意识和身体是最忠实的听众和执行者，你说的话就是给它们下达的指令。当你说"今天真倒霉"时，潜意识接到指令，便开始搜寻更多的不幸：也许你会撞到脚，洒了咖啡，或者在关键时刻遇上堵车。那些总是抱怨行业不景气、做什么都不成功的人最终往往会发现，正如他们所预言的一样，他们什么都没有做成。然而，无论环境多么艰难，总有人能够成功。这一切都在说明，你的信念和言语在塑造你的现实。

你的身体也在认真倾听你说的每一句话，无论真心话、气话还是客套话，都会照单全收并努力实现。因此，请多说好话，多说积极的话。

很多人乐于扮演"受害者"的角色，他们整天抱怨，并找到一群志同道合的人一起"互诉衷肠"，希望通过抱怨获得怜悯和关注。然而，事实恰恰相反，这种行为只会让爱他们的人远离他们。

经常说"我不行"或"怎么可能"的人，最终会发现自己的人生处处受限，什么都无法成就，因为这正是他们口头禅中要求的结果。如果你不想成为这样的人，从现在起，请停止使用这些负面的口头禅，练习使用以下的积极的口头禅吧！

十句积极的口头禅

每天重复这几句话，让它们成为你的新口头禅吧！

我真是个幸运儿

我的愿望正在实现中

这是多么好的一个机会

事情开始变有趣了

凡事发生皆有利于我

为什么我这么可爱/优秀+（任何你想夸自己的特质）

我能搞定一切事情

一定会有办法的

我的人生，每时每刻都有发生奇迹的机会

谢谢你

不要给自己画大饼

还有一种典型的口头禅是"等我……了，我就……"，例如：

- 等我更厉害了，我就去申请这份工作；
- 等我有钱了，我就去买那所房子；
- 等我变优秀了，我就可以遇到更优秀的对象；
  ……

你会发现，这些"等我……了，我就……"的事情往往从未发生过，愿望也从未实现。因为"等我变优秀了"实际上是在告诉自己"我现在不够优秀，未来的我才会优秀"。这种自我暗示会让潜意识持续接收不如意的信息，从而投射出更多不如意的生活体验。

成为一名优秀管理者的方法是在管理岗位上学习和进步，而不是等着有朝一日自己有能力了，才能去做管理者。如果你总想着"等我厉害了、有能力了，再去做什么"，那你可能永远失去真正成长为那种人的机会。记住，我们不需要等到完美才能得到想要的生活。我们可以边做边学，通过实践和成长，逐步成为自己想要成为的人。

不抱怨挑战

坚持连续7天不抱怨任何事，无论嘴上说出来，还是在心里想。这能有效地帮助你摆脱受害者思维。一整天都没有抱怨，就在下面表格里的相应位置打钩。如果某天抱怨了，就在那天表格里的相应位置打叉，然后从头开始计算，直到连续7天无抱怨为止。

日 期：

	周一	周二	周三	周四	周五	周六	周日
第1周							
第2周							
第3周							
第4周							
第5周							

潜意识不想让你成功

有时，你的潜意识可能并不希望你成功。尽管你嘴上说着渴望成功、升职加薪，但内心深处却可能在抗拒。

个体为了缓解焦虑和保护自我免受伤害而产生的潜意识反应，叫作防御机制。

你还没成功是潜意识里缺乏安全感

因为在你的内心深处，成功意味着更大的挑战和更复杂的人际关系，你认为这些责任和负担给你带来的感受是不安和焦虑。为了保护你免受这些境遇的影响，潜意识会阻挠你取得更大的成绩。例如，在做某些选择和决策时，你的潜意识可能会引导你选择那些偏离成功的方向，或者在关键时刻让你掉链子。这是因为当你的潜意识将成功视为一种危险时，自我防御机制就会自动启动，让你的行动和选择始终与目标保持一定距离。

有些人害怕成功，是因为他们认为成功是属于少数人的，成功意味着鹤立鸡群、站在舞台中央。他们害怕被注视的感觉，害怕聚光灯打在自己身上，担心一旦犯错，错误会被无限放大。

因此，他们害怕受到关注，害怕成功，潜意识会让他们刻意避开成功的道路。

其实，是你的潜意识为了保护你，才让你止步不前的。

其实，"你自己"才是你成功路上的最大阻碍。

停止追求完美

还有一种常见的阻碍是追求完美。例如，有一名学生几乎每次考试都名列前茅，但在一次重要的考试中忘记带了一个文具，本来这个文具可有可无，但他一定要回家取，结果错过了这次考试。这背后是他对保持"第一名"形象的执着，害怕失败会破坏自己在他人心目中的完美形象。为了避免这种"损失"，他宁愿错过考试。这种现象被称为自我设阻。从表面上看，这只是一个简单的忘记带文具的小失误，实际上却是他自己制造了一个错过考试的借口，从而躲避可能的失败。

改变潜意识才能改命

有句话说一个人能赚多少钱，享多少福，命里都是有定数的。这句话对也不对。对是在于，这个"命"就是潜意识，潜意识是从小到大经历积累的结果，它很难被发现，也很难改变。一个人的现实世界就是他潜意识的体现，如果潜意识不改变，人生的确有可能变成"命中注定"。不对之处在于，只要改变潜意识，就有机会改变命运。

我们通过几个例子来看看潜意识是如何暗中运作的，它又是如何阻碍你前进的，如图 4-1 所示。

意识	潜意识
我想要取得成功，实现梦想。	如果失败了，我会很痛苦，不去做就不会失败，这样反而更安全一些。
我要和"真命天子"在一起，我们会很幸福。	他可能不喜欢我。我们之间的差距太大了，他也许会抛弃我。还是不要靠近他比较好。
我想让事业更上一层楼。	提升事业可能会带来未知的风险和挑战，现在的状态更安全。
我要努力考出好成绩，我要考第一名。	鹤立鸡群的感觉不好，我可能会失去朋友。保持中等成绩就好。
我想站到更大的舞台上。	更多人看到我，意味着我的错误将被放大，表现不好会更加丢人，保持现状比较稳妥。
我需要强势一点，不能再做老好人了。	这就是在欺负他人、压迫他人，他人会不喜欢我，我不能那么强势。

图 4-1 意识和潜意识的区别

但是，你有没有想过，你之所以害怕，是因为你有能力实现。你的潜意识感知到成功会给生活带来巨大的变化，于是将这些变化解读为威胁和挑战。为了避免这些潜在的危机，它会想方设法让你避开成功。

即使你明白了这一点，并试图说服自己渴望成功，你仍然可能无法达到预期的结果，因为你无法欺骗潜意识。当你嘴上说"我想成功"，但内心却在怀疑和拒绝时，潜意识也不会相信你。除非你真正相信自己，否则潜意识仍然会按照你内心深处的真实想法行事。

如果你无法由衷地信任自己，祝福自己成功，那么潜意识又如何能够相信你呢？那些你认为的阻碍，只是你头脑中的假想敌。事情的好坏不在于它本身，而在于你对它的看法。如果你更成功了，你将拥有更多的资源，你曾经担心的挑战将变得容易应对；你曾担心的复杂的人际关系，也将因为你有更多的选择而变得简单；你曾经担心的未知的困难，也将因为你的抗风险能力更强而显得微不足道。

一旦你真正相信自己，潜意识会派给你更大的事业和成功，因为它相信你接得住。

探索我的潜意识

■ 提到成功，你想到了什么？

■ 提到成功，最让你害怕的是什么？

■ 提到金钱，你想到了什么？

■ 提到金钱，你最害怕的是什么？

■ 提到亲密关系和伴侣，你有什么感受？

■ 你有过哪些反复出现的梦境吗？这些梦境让你想到了什么？

■ 让你突然产生情绪波动的事有哪些？

改写人生剧本

在第 1 章，你已经在"我的电影剧本"里写下了过去发生过的剧情。

现在，不妨大胆想象一个全新的脚本。忘掉过去的生活模式和行为惯性，充分发挥你的想象力，写下你所希望的、你值得拥有的最好的未来。记住，你相信什么样的生活，你就会过什么样的生活；你相信会遇到什么样的人，你就会遇到什么样的人。

想象面前是一幅崭新的画布，你的手里握着画笔，你决定在这幅画布上画出怎样的图案，你有力量、能力去创造一切你想要的事物。记住，你的感觉创造你的未来。是时候释放那些关于你是谁、你应该怎样做的限制性信念，放下过去的那些自我怀疑和不安全感了，一个全新的人生在前面等着你，你的能力和潜力是无限的，你可以创造全新的未来。

📖 **改写我的人生剧本** ✏

用这句话来激发你的想象力:

"从那天以后,……"

"我已经准备好迎接……"

最后得出一个什么样的故事，完全取决于讲故事的人。你希望自己的故事是什么样的？现在开始书写一个不一样的人生吧！

一念既出，万山无阻。

心想事成许愿法

来到寺庙前的你，虔诚跪拜，许下心愿——

> "让我变有钱吧！"
>
> "我想考个好成绩！"
>
> "赐我一个很棒的对象吧！"

这是什么心愿啊！太笼统、太匮乏、太没有方向了。

许愿是一种在心里下订单的行为，关键在于如何清晰、确定地表达你的愿望。

当我们把强烈的信念抛到宇宙里时，宇宙一定会给予回应。

如果你许下的心愿非常笼统，不够明确，再加上心里的不信任，你的潜意识并不知道你想要什么，也不会发挥作用，会继续保持你的匮乏。

想要愿望成真，一定要遵守以下几个原则。

❥ 不要说"我想要"，因为我想要 = 我还没有

当你许愿时，不要说"我想要……"或"我希望……"，因为这暗示着你现在缺乏这些东西，是在说你对现状很不满，必须拥有了某某某才会更好。这本质是在说你还没有能力实现，只能祈求上苍，这就是一种匮乏感。

吸引力法则中提到，让梦想实现的关键是要感受自己已经实现了目标，体验目前已经拥有了的感觉，这样才能把你想要的事物吸引过来。其中一个原因是"我想要"就是一种我可以有，也可以没有的心态，你心里对目标表现出的是"实现了也可以，没实现也可以"的想法，这个想法所展现出的力量和动力太弱了。只有当你极度相信这件事一定会实现时，这个想法才会上升到信念，你才不会总停留在想的层面，你才会行动起来，才会愿意尝试一切行动促使目标实现。

当你在意识里种下一颗信念的种子时，这颗种子指向一个非常明确及确信自己想要的结果，潜意识接收后马上就开始运作，一边在正在发生的事中搜索能实现愿望的线索，一边从你

过去的经历中搜寻经验。

💭 不具体 = 不知道要什么

明确的愿望比模糊的愿望更容易实现。很多人在许愿时过于笼统，如发财、考出好成绩、身体健康等，或者一次许很多的愿望，这是因为你自己也不清楚自己想要什么。不要说"我希望发财"，而是具体到"我希望在下个月通过副业赚到 1000元"。具体的愿望能帮助你的意识和潜意识明确方向，知道如何努力才能实现目标。

💭 心诚则灵

我们经常说"心诚则灵"，这就是相信的力量。当你确信某件事百分之百会成功时，你就在内心知道通过自己的行动，这个愿望一定可以实现。

正确许愿方式：像在餐厅下单一样许下心愿

许愿时要有充分的信心，像在餐厅下单一样确信愿望会实现，如图 4-2 所示。比如，当你点餐时，你不会怀疑菜是否会送到桌上，而是确信它会来。类似地，许愿时也要相信你的愿望会实现，不要怀疑或担忧。

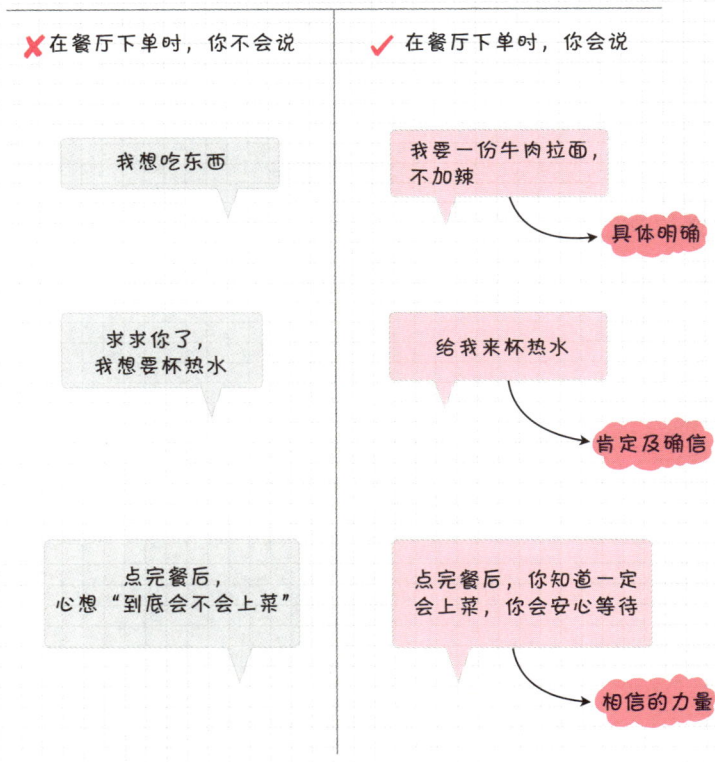

✗ 在餐厅下单时，你不会说

我想吃东西

求求你了，
我想要杯热水

点完餐后，
心想"到底会不会上菜"

✓ 在餐厅下单时，你会说

我要一份牛肉拉面，
不加辣

→ 具体明确

给我来杯热水

→ 肯定及确信

点完餐后，你知道一定
会上菜，你会安心等待

→ 相信的力量

图 4-2　心想事成许愿法（像在餐厅下单一样许下心愿）

看到了吗？你在点餐时，会非常明确自己要吃什么，不会很笼统地说我想吃东西。点完餐后，你会确信菜一定会上，而不会怀疑到底有没有菜。在许愿时，也要遵循这个原则。

许愿的有效性在于你的清晰度和信心。明确、具体的愿望配合强烈的信念，将帮助你在生活中更好地实现目标。就像在餐厅下单一样，明确告诉宇宙你想要什么，并相信它会如愿地到来。

我的心愿单

第 5 章

正念：一念天堂，
一念地狱

"如果你发现面前的道路毫无阻碍，那么也许这条路不会带你通向任何地方。"

——弗兰克·克拉克

在前面的章节中，我其实一直在解释两件事。首先，我们的成长经历如何塑造了我们的认知和信念，而这些认知和信念又如何塑造了我们的人生。其次，如何重塑这些认知。书中的所有写作练习旨在帮助你了解自己，识别并正视自己的信念，找出那些阻碍你的因素并进行修正，从而塑造出有助于实现人生理想的积极信念。

认知行为疗法的核心是通过当前的问题，探索早年经历中形成的固定认知。我们可以通过觉察当下发生的事情，回溯过去，发现真实的自我，找到属于自己的力量，进而创造一个全新的未来。

这个世界广阔无垠，充满了你可以做的事和可以去的地方，不要将自己困在眼前的这一片狭小天地中。

信念决定你成功的上限

意志力的悖论

意志力体现了我们愿意采取行动以使客观世界符合我们的期望。

例如，当你在考试中未能达到预期成绩时，你会决心努力学习并投入时间，这就是意志力的体现。我们常说有的人很有意志力，其实这种意志力的强弱源自信念的力量。

只有信念才能带来意志力。当你相信时，你就有机会实现。信念决定了你能拥有多少意志力，也就决定了你成功的上限。当信念坚定时，你会发现解决任何困难的办法；而当信念动摇时，任何问题都可能成为致命打击。无论习惯还是环境，只起到辅助作用。唯有坚实的信念，才能真正帮助你获得成功。

停止自我设限

自我怀疑会让你误以为自己不具备成功的条件，或者能力不足，或者时机不对。它编造各种理由让你失去行动的动力。

那些所谓的成功人士并非意志力比他人强，而是因为他们内心的自我损耗更小。

你会发现那些公司领导者、行业精英甚至杰出的运动员，往往都是充满自信和自洽的。如果公司领导者对自己缺乏信心，他如何在舞台上阐述企业的理念？如果球类运动员感到害羞，他如何在众人面前挥杆击球？缺乏自信和害羞的人无法成为领导者或行业领袖。自卑会束缚你，只有真正的自信才能让你展翅高飞。

这种不自信也会在人际交往中传递。两个人销售同一种产品，一个人自我价值感低，说话没有底气，这种不自信会传递给客户，导致客户怀疑产品，甚至讨价还价；另一个人充满自信，表现得像权威一样，客户也会信任他和产品，不会挑战价格，甚至觉得物超所值。

用 20% 的行动撬动 80% 的人生

有人认为人生的 80% 取决于命运，20% 取决于后天努力，认为很多东西在出生时已注定。这个命题的正确性有待论证，但我想说的是即使你没有拿到一副好牌，你仍然有资格追求梦想。你有责任为自己的人生负责。在信念的指引下，人生可能会突破原先的局限。尽管个人的努力可能只占20%，但它可以撬动那80%的命运。内心的信念和精神力量才是人之所以为人的核心。

小时候，你可能缺乏来自世界的肯定和鼓励，现在是时候把这些还给自己了。你越相信自己，就会越有动力，表现也会更好。光说不做是无法带来改变的。你必须找回真实的自己，拥有自我意识。如果你不相信自己，就无法袒露真实的自己，不敢表达，恐惧和讨好只会让你陷入阴影之中。

你需要无条件地相信自己，相信自己是这个世界上最棒、最美、最可爱的人。你可能会质疑这一点，觉得有很多优秀的人。但记住，他人很好，你也同样出色，你有你独一无二的特点和优点。

还记得我们提到认知如何决定行为吗？

你怎么认为的，就会怎么做。当你相信自己很棒时，你会表现出优异的行为。潜意识不会辨别对错或真假，它只会实现你心中的信念。既然标准由你决定，那就设定一个能帮助你实现目标的标准吧！

现在，我邀请你做出以下承诺，请大声而坚定地说出以下宣言。

我的宣言

从现在开始，我要重新栽种信念的大树，我知道我是一个很棒的人，我值得被爱，我值得世间一切美好的事物。我相信我自己，我爱我自己，我的能力是无限的，我永远支持我自己。

你也可以创造自己的专属宣言，写下希望自己拥有怎样的信念，你想要如何改变对自己的看法。

记住，从磨难中走出来的人，未来没有天花板。

我生命中最感恩的十件事

1.

2.

3.

4.

5.

6.

7.

8.

9.

10.

找回人生主动权

内驱力的源泉

有人可以坐在书桌前一连学习几小时，有的人学习十分钟都觉得痛苦难忍，这跟一个人是否自律无关，而跟这个人的动机有关。我们做出某些行为或不做某些行为，都受到动机的驱使。动机是我们行为的驱动源泉，是我们行为背后的助推器。

动机不仅关乎意志力和自律，更涉及我们如何满足内在的需求和欲望。当你口渴时，你会找水喝；当你想证明自己的价值时，你会努力工作，好好表现。行为的背后是我们满足某种心理和生理需求的动机。需求产生了动机，动机会促使我们行动。

自我需求的三大方面

罗格梅说过"快乐是当我们使用自己力量时产生的情绪"。这种快乐来自当你意识到自己有能力解决问题时所带来的那种对生命的掌控感，以及在你解决问题后获得的自我成长的充盈感。

当我们说一个人做起事来特别有动力时，就是因为他内在的自我需求得到了满足，于是激发了他的动力。这种内驱力会让人做起事来积极主动，仿佛有用不完的劲。

- **自主需求**。当我们做一件事是出于自己的意愿和喜好，而不是被迫时，这种自主感会激发我们的动力。这时，我们感到自己是人生的主人翁，"我的人生我说了算"会让我们有一种掌控感。反之，如果我们的决定总是被他人左右或完全由他人安排，我们的动力可能会减弱。

如果一件事，你说什么也不算数，提意见也没人听，你还提得起兴趣吗？有些家长喜欢对孩子的事大包大揽，替孩子做所有决定。孩子在家庭中失去自主权，往往会表现出拖延、磨蹭和消极的态度，因为他们感到自己的选择被剥夺了。

- **胜任需求**。胜任需求是指在完成某项任务时，你能体验到自己的能力和进步。通过迎接挑战和克服困难，你会获得成就感和自我成长。这种需求的满足会激励你不断前进，提升自信。

比如，在完成一个工作项目时，你不断完善自己的技能，一点点攻破难关，会让自己感到能力在不断提升。

- **关系需求**。关系需求涉及你与他人和社会的联系。如果你在某项任务中获得他人的支持和认可，这会增强你的动机。积极的社会互动和得到他人的接纳会让你更有动力去完成任务。例如，获得同事或朋友的支持和鼓励，会让你在追求目标的过程中更加坚定。

自律上瘾的秘诀

为什么有人遇到困难很快就泄气了，而有人却可以无畏挑战继续前进？

动力是蕴藏在每个人身上的能量，我们天生就是好奇的，愿意探索世界和取得胜利。但为什么有的人会有更大的驱动力，不怕苦、不怕累，愿意攻坚克难、勇往直前，这就源于成就动机。

成就动机是指对成功的渴望和愿意追求的程度。成就动机高的人往往在遇到困难时能坚持住，不畏挑战。这种动机驱使他们克服障碍，勇往直前。相反，成就动机低的人可能在遇到挫折时容易泄气，缺乏持续的动力。

你如何看待成功和失败，会影响你面对挑战的态度。

> 当遭遇失败时，你倾向于责怪自己不够好，还是任务本身有问题？
>
> 你认为一次成就定乾坤，还是下次努力了依然可以力挽狂澜？

以下是如何看待成功和失败的一些方式，如图 5-1 所示。

小测试

当你取得成功时，你认为主要原因是（每一行选 1 个）：
☐ 我能力强　　☐ 我努力了
☐ 任务难度适中　☐ 我运气好

当你失败时，你认为主要原因是（每一行选 1 个）：
☐ 我能力不行　☐ 我努力不够
☐ 任务太难了　☐ 我运气差

图 5-1　测一测你如何看待成功和失败

这四种对成功和失败的看法可以总结为成就归因四象限，如图 5-2 所示。

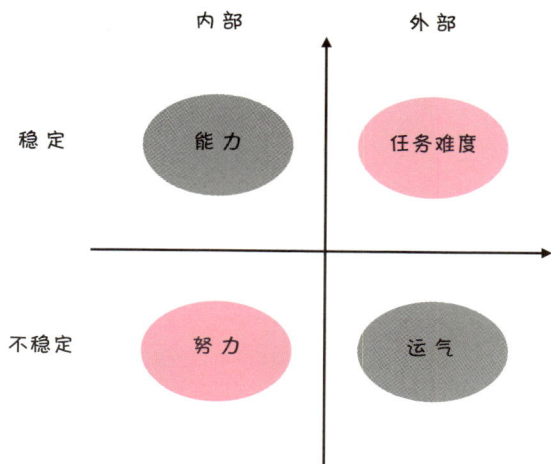

内部　　　　　　　　　外部

稳定　　能力　　　任务难度

不稳定　　努力　　　运气

图 5-2　成就归因四象限

设想在一次商业比赛中，你带领小组取得了第一名，你认为这个成功是因为自己的能力出众，还是因为自己特别努力？

❥　成功归因：

- 我能力强（内部、稳定因素）。你把成功归因于自己的能力，认为这是自己实力的体现，这是一种内部、稳定的归因方式。因为我们通常认为能力是短期无法改变的，是稳定不变的。将成功归因为这个原因能够增强自信，激励个体继续努力，如图 5-3 所示。

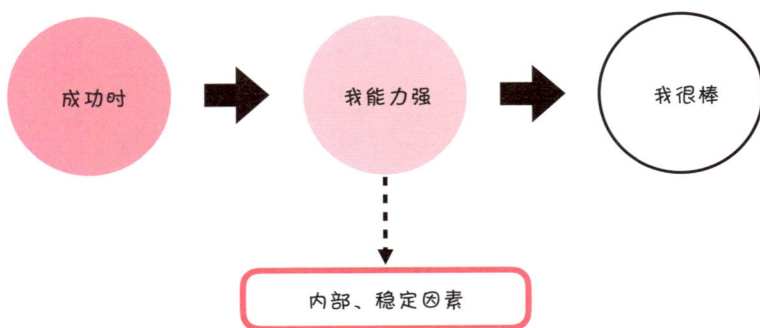

图 5-3　成功归因与自我肯定

- **任务难度适中**（外部、稳定因素）。把成功原因归结为任务难度适中，这是一种外部、稳定的归因方式。这种归因方式也能够提高自信，认为自己能够应对类似的挑战。

🌶 失败归因：

- **我能力不行**（内部、稳定因素）。如果你失败了，把结果归结为自己能力不足，这种方式会导致对自我的否定，你很可能会失去信心，对在未来改变这个结果不抱希望。

- **我努力不够**（内部、不稳定因素）。你把失败归因于没有足够的努力，这种方式能够激励个体继续努力，认为只要持续努力就能够取得成功，所以下次你会更加努力，如图 5-4 所示。

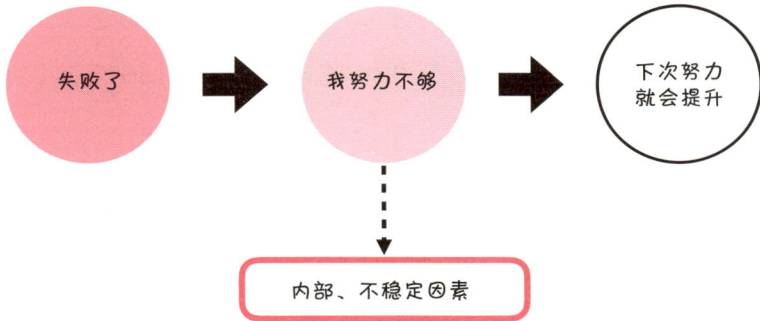

图 5-4　如何看待、识别不气馁

你如何看待自己的成功和失败，会影响你的信心、幸福程度和接下来如何行动。总结来说，当成功时，要把原因归结为我能力强、我真厉害，这能够帮助我们树立信心。如果失败了，把原因归结为我努力不够，只要下次努力，依然可以取得胜利，这会让我们依旧愿意面对挑战。

习得性无助

> "失败是一个痛苦的经历，但它并不能对你下定义。"
>
> ——卡罗尔·德韦克

习得性无助是一种认为失败是无法改变的固定型思维。这种思维方式使个体对失败感到无力，并且对未来的成功不抱希望。

这类人认为成功是偶然的，失败才是注定的，每当取得成功时，他们会倾向于认为是因为自己努力了，而忽视了自己很有能力也是取得成功的一部分原因。他们的核心信念认为"我不优秀"，成功只是一时的结果，这让他们感到不安，认为自己随时都可能失败。

每当失败时，他们则会认为是自己能力不足导致的，这是一种对自我的否定，而且是一种稳定的否定方式，认为失败是"我不够好"导致的。这会让他们觉得失败是无法改变的，因为自己永远都不够好，个体会产生一种对改变未来的无力感。这种无力感让他们对成功缺乏希望，感到沮丧，于是就演变成了一种习得性无助。

习得性无助通常与早期的负面经历有关，例如，父母的不合理评价和奖罚制度。孩子一成功就表扬，一失败就批评，这会让孩子丧失对人生的主动权，也会滋生对行动的无力感。

还有的父母在孩子取得成功时怕孩子骄傲，让孩子谦虚低调，这会让孩子体会不到自身价值，不会为自己感到高兴和骄傲。当孩子失败时，如果批评他能力不足，会让孩子认为失败是自己本身导致的，于是又产生了自我怀疑。为了克服习得性无助，我们需要培养成长型思维，即认为能力可以通过努力培养，重视个人发展而非单纯的结果。

拥有成长型思维的人认为，我的能力是可以通过努力进行培养的。做事情时，他们重视的是个人发展，而不是紧紧盯着事情的结果。比起成功，他们更看重在过程中提高自己、发挥自己的潜能。拥有成长型思维的人敢于面对挑战和困难，积极进取。

拥有固定型思维的人认为，自己的能力、技能、体能和智商等特质是固定的，很难改变。他们非常在意结果，认为成功就是要证明自己拥有聪明才智。这类人惧怕失败，因为失败对他们而言意味着对个人和能力的否定。所以，他们不敢面对挑战，甚至会因为担心表现不好而放弃机会。

动机是实现目标的关键，理解并满足自主需求、胜任需求和关系需求，可以帮助你提升动力。成功和失败的归因方式会影响你的信心和未来行动。培养成长型思维、克服习得性无助，以及记录自己的成功经历，都是提升动机和实现目标的有效方法。

我的成就奖状墙

将你人生中的成就和胜利记录下来，贴在"成就奖状墙"上。这些可以是过去的经历，也可以是不断取得的新成就。给这些成功起个名字，比如"最佳演讲奖""最佳工作奖""最佳人缘奖""最佳妈妈奖"，以此激励自己继续前进。

每一个当下都可以重生

"在时间的大钟上，只有两个字——现在。"

——莎士比亚

松弛感来自活在当下

大部分时候，我们的脑海里要么在计划未来，要么在缅怀过去，很少看看眼前的事物。我们总是想着去另一个地方，做另一件事，甚至和另一个人在一起。我们很容易忽略此时此刻发生的事情，忽略了自己活在当下的体验。

实际上，过去和未来并不存在，只有此时此刻的"现在"最有意义。刚刚过去的那一秒已经成为过去，而当前的这一秒才是真实存在的。我们记住过去，因此才有了过去；我们期盼未来，因此才有了未来。

我们的人生由无数个"当下"组成，每个"当下"积累起来，形成了我们的体验和感受，如图 5-5 所示。

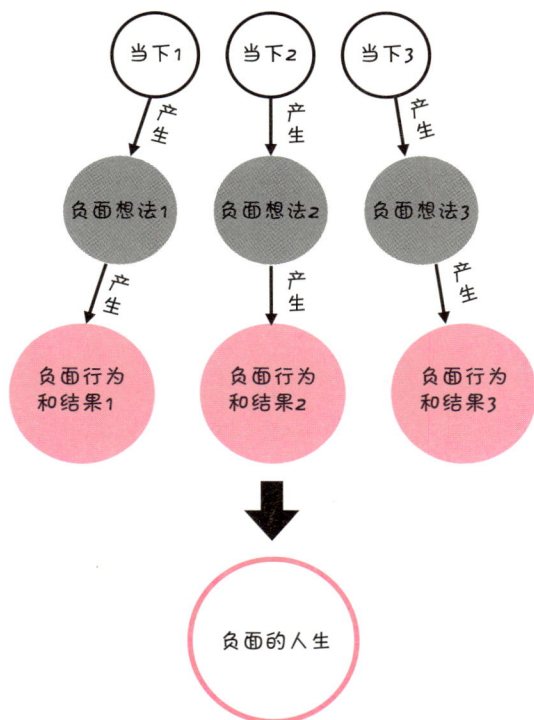

图 5-5　当下即全部

- 当下 1 —— 产生负面想法 1 —— 产生负面行为和结果 1。

- 当下 2 —— 产生负面想法 2 —— 产生负面行为和结果 2。

- 当下 3 —— 产生负面想法 3 —— 产生负面行为和结

果 3。

- ……
- 当下 n —— 产生负面想法 n —— 产生负面行为和结果 n。

每个当下产生的想法都会左右我们的行为和反应。积极的想法和消极的想法会产生截然不同的结果。每一刻的想法就像是平行时空的开关，决定了我们经历的时空。不同的思想能创造出不同的时空，如果每个当下都被负面的想法左右，最终这些负面的结果会汇聚成一个负面的人生。

几乎没有中性的想法，每个想法要么是积极的，要么是消极的。你要为每个想法付出代价，积极的想法带来积极的结果，消极的想法带来消极的结果。记住，你自己选择了这些想法，就像选择了情绪一样。积极的想法能帮助你看到机会，克服困难，向目标迈进；消极的想法则像毒药一样削弱你的能量，让你自怨自艾，让你与目标渐行渐远。让负面情绪主导人生，就会走上自我毁灭的道路。

赶走限制性信念

　　我们大脑中的思绪就像一个陪伴我们成长的朋友，它就是那个"小我"。"小我"总是不停地喋喋不休，诉说着各种烦恼和悲惨故事。当面临问题时，它会大声喊道"完蛋了""不好了"；当遇到比我们优秀的人时，它则会低声说"你看看人家多好""为什么你不能像他们一样优秀"。

　　"小我"建立在恐惧和贪欲之上，它缺乏安全感，深知我们的弱点，总是紧张不安，并喜欢对周围的人、事、物发表意见。它随时随地评论遇见的一切，这个是好的，那个是不好的。当你认同这些思绪时，就是在与"小我"对话，就是在喂养它。如果你紧紧抓住这些思绪，它们就会充满能量，显得格外狞厉；但如果你选择放下它们，它们就会像青烟一样轻轻地飘散而去。

　　当你的大脑被各种思绪填满时，试着将脑海想象成一片天空，这些思绪如同乌云。轻轻地对着天空吹一口气，将这些思绪吹散，释放这些情绪，不再关注它们。想象乌云一片一片地被吹散，给自己恢复一片湛蓝明亮的天空。

♥ 我的限制性信念 ♥

列出你要克服的限制性信念和行为

我不够好

我太胖了

拖延症

我缺乏自信

写下那些阻拦你前进的信念

修炼稳定精神内核，与内耗和解

"放下屠刀，立地成佛"，这里的屠刀就是妄念、迷惑、偏执，就是那个喋喋不休的"小我"。一念天堂，一念地狱，你身处何方完全取决于你在当下产生的信念。为什么一定要执着于某件事或某个人呢？把自己困在某一种想法里，就像把自己锁在一个牢笼里，自己做自己的典狱长。

每一秒，每一个当下，只要我们选择放下妄念，就可以重获新生。对过去的思虑和对未来的担忧都不能代替现在的我们，每一秒都会创造无数种可能。当我们听从了"小我"，陷入思绪之中时，我们并没有在创造新的人生，而是在复制过去的经历。如果我们在当下选择了负面的声音，那么还是会带自己走向过去的失望。

当你选择放下过去，忘掉未来，关注每一个当下，这时，过去已经远去，未来还没有到来，此时此刻，你就是你。

每一次转念，都是一次重新开始

我们有着随时重新开始的能力。

- 学会"看到"念头。首先，学着向内"看"，观察自己内心的起心动念。经常问问自己，"我的内在在发生什么？"对自己的思绪保持觉察和观察。

- 接纳与相处。以接纳为基础，与负面情绪及想法和平共处。比起压抑和控制这些情绪，我们更应该接纳它们，学会减少对负面情绪的过度关注，不被它们吸引。

- 转念。修正负面的想法，用积极的信念代替负面的信念。

一个很好的转念方法是记录当下的感受，并转变这些感受。

> **随时转念法**
>
> 也许你不会每天随身携带笔记本，但你和手机几乎形影不离。
>
> 所以，你可以用手机备忘录来记录自己的念头和感受。当你产生任何自动思维和负面想法时，及时记录下来（如果当时没时间记录，你也可以在事后完成。但不要拖得太久，否则你可能会淡忘了当时的感受）。
>
> 践行随时转念法只需要两步。
>
> 第一步，记录当下的感受，写下这件事及你产生的想法。

随时记录能帮助你站在一个局外人的角度观察自己的想法和情绪，让自己暂时从情绪中抽离出来。写下的过程，就是一个梳理思绪的好方法，写着写着，你就能"看到"自己内耗的原因是什么了。

第二步，在当下扭转想法。

在记录后，扭转这些负面的想法，将其转化为积极、建设性的想法，并把它们写下来。这些想法可以是通过另一个角度看问题，或者对旧的观念提出质疑，也可以是一个建设性的意见，如图 5-6 所示。

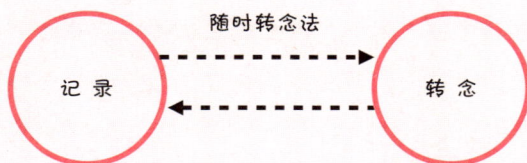

图 5-6　转念方法

当然，新想法应该是你能够信服的，而不是试图说服自己的"谎言"。例如，如果你看到一个漂亮的人，心里产生了负面的自动思维"我很差，我好丑"，你可以用"我相信通过运动，我也可以拥有很好的身材"或"我今天的穿着十分得体，我相信他人也会欣赏"来替代这些负面思维，如图 5-7 所示。

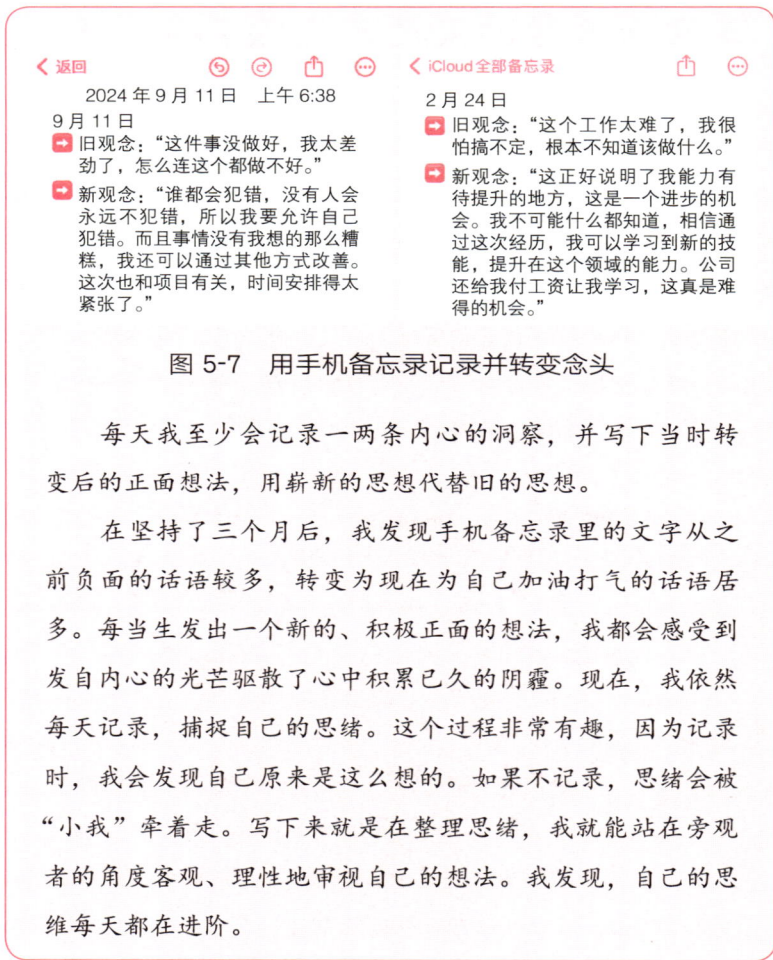

图 5-7　用手机备忘录记录并转变念头

　　每天我至少会记录一两条内心的洞察，并写下当时转变后的正面想法，用崭新的思想代替旧的思想。

　　在坚持了三个月后，我发现手机备忘录里的文字从之前负面的话语较多，转变为现在为自己加油打气的话语居多。每当生发出一个新的、积极正面的想法，我都会感受到发自内心的光芒驱散了心中积累已久的阴霾。现在，我依然每天记录，捕捉自己的思绪。这个过程非常有趣，因为记录时，我会发现自己原来是这么想的。如果不记录，思绪会被"小我"牵着走。写下来就是在整理思绪，我就能站在旁观者的角度客观、理性地审视自己的想法。我发现，自己的思维每天都在进阶。

💕 自我关怀练习

当你为一件事自我批评和自责时，你的内在就化作一个"暴君"，对你极尽苛责。此时，你应使用慈悲心看待自己，把苛责转换为自我同情和关怀，接纳自己的不完美和苦难。

方法一

想一想你认识的人或公众人物中最富有爱心、最关爱他人的那一位。闭上眼睛，想象他坐在你身边。当你诉说苦难时，他会如何安慰你？他会怎么倾听你？他会对你说些什么？

_____

_____

_____

方法二

想象一个你深爱的人（可以是认识的人或公众人物）。当他自责或伤心时，你会如何安慰他？你会对他说些什么？写完之后，请把这些话对自己也说一遍。

_____

_____

_____

养成正念习惯

我们平时的行为是一种习惯，思维也是一种习惯。只有建立新的习惯，才能摆脱以前旧的习得性反应。

养成正念习惯的关键在于，建立并坚持一系列能帮助你静心和集中注意力的好习惯。思维和行为习惯都是可以改变和塑造的，通过逐步积累新习惯，可以帮助提升你的心灵和生活质量。

以下是一些有效的正念习惯，你可以多多尝试。

- 冥想。每天花 10～20 分钟进行冥想，专注于呼吸或特定的冥想主题，帮助你保持内心的平静和专注。

- 写日记。记录你的情绪、想法和经历，帮助你更好地理解自己，并处理内心的困扰。如我们在前文提到的情绪日记，还有其他日记形式，如感恩日记、成就日记和正念日记等。

- 散步。每天进行短暂的散步，尤其是在自然环境中，有助于放松和静心。

- 随时记录。用手机备忘录或笔记本记录当下的感受和想法，能帮助你对思维保持觉察，并及时转变负面思维。

- 阅读。选择一些与正念和心理健康相关的书籍进行阅读，增加对正念的理解和应用。

- 少看手机。设定手机使用的时间限制，减少无意义的浏览，提升注意力。

- 做瑜伽。通过瑜伽练习增加身体的觉察，提升身心的协调和平衡。

正念习惯打卡表

你可以通过下面的正念习惯打卡表，记录每天的习惯完成情况。每天完成一个习惯，就在对应的日期里涂上颜色或打钩，记录你每天的努力和进展。每个月结束时，总结完成情况，再对接下来的计划进行调整。不要因为某一天未能完成某个习惯而气馁。偶尔出现间断是很正常的，坚持是关键。

不要小看每一天的积累，一个个小的习惯堆积起来，巨大的变化可以发生在一瞬间。有研究人员发现，连续冥想 8 周后，大脑中关于学习和记忆的部位变大了，关于压力的部位减少了。这表明，长期坚持冥想等正念习惯，能够实质性地改变大脑的构造和功能，帮助我们变得更加平静、专注和快乐。

正念习惯打卡表

日期	冥想	写日记	散步	随时记录	阅读	少看手机	做瑜伽
9-1	✔	✔		✔		✔	
9-2	✔			✔			✔
汇总							

臣服于生命，才是更高级的自由

每件事都藏着宇宙的大礼

将生命视为一场伟大的实验，每一次挑战和经历都是对自我和生活的探索。痛苦往往源于我们对现状的抗拒，不愿接受当前的真实状态。抗拒当下即否认现状，这种否认产生的消极情绪就是痛苦的根源。

臣服于生命，温柔地拥抱你的人生，而不是拿着利剑与生命对抗。臣服于生命的过程并不是放弃，而是以一种像溪水流淌过的方式接受生活的安排。接受不等于逆来顺受，而是对现状说"好的"，接受已发生的，并在此基础上积极创造未来。面对不公和困境时，接受能够带来内心的平静和完整。意识到自己的态度和思想由自己决定时，你就获得了真正的自由。

放下个人的欲望、偏见和评价，顺应生命的指引，把一切放手交给生命，看看生命会把你带向哪里。有时事与愿违，可能是有一个更好的结果在等着你，每件事里都藏着宇宙的大礼。

幸福是一种内心的富足体验，是对当下没有缺憾感的体验，认为自己和生活已经足够丰盈。不与他人比较，不被妄念和欲望驱使时，幸福感会自然浮现。纳瓦尔曾说，追随欲望就等于与自己约定，只要目标未达成，就不能快乐。接受现状并感恩生活中的每一分拥有，是获得幸福的关键。每个人都有选择的权利，当你意识到你的态度、你的思想由你自己决定时，你就自由了。

不要害怕未知和失控，当你跨过失控时，你会找到你一直未发现的、原本就属于你的力量。当你放手学会臣服时，生命总是会在一些意想不到的地方给你准备神奇的礼物。

生命的终极秘密

生命的秘密是"在你死之前死亡"。

因为你原本在意的和拥有的东西，在死亡的那一瞬间将不复存在，一切外在的财富、地位和人际关系都将消失。这些东西本就不存在，这个世界上本来就只有你，没有任何人，没有任何物，外面空无一物。这种认识能帮助你更清晰地看到生命的真谛。

如果我的生命还剩下……

如果你知道自己会活上千年，现在的你会做

1.

2.

3.

4.

5.

6.

7.

8.

9.

10.

如果你的生命还剩1年，你会做的十件事

1.

2.

3.

4.

5.

6.

7.

8.

9.

10.

天赋——你的独门绝活

停止内卷，精进自我

我们大部分人都生活在一个只能获得极少数人评价和反馈的世界里。比如，学生的作文往往只得到一位老师的评价，这位老师的观点受其能力、品位、标准等多种因素的影响，评价的客观性可能受到限制，而且遇到什么样的老师也是非常随机的。

所以，这个极少数人的评价体系会直接地影响我们，让我们了解自己的产出是好的还是不好的，应该往什么方向发展。

而当你站在更大的舞台上，面对更多观众和评价时，这种局限性将被打破，你的作品将获得更广泛的反馈。这有助于你获得更多元化的意见，从而提升自己的创造力和表现力。

所以，与其内卷，不如找到一条属于自己的路。

每个人都有自己独一无二的特点，都有自己的专长。有些事，你天生就比他人做得好，做得轻松。你生下来就带着自己的使命，这个使命让你能够为世界创造价值，让人生更有意义。当你听从了使命的召唤，在发挥天赋的时候，你就在为这个世界创造着价值。有时，勇气比信心和能力更重要，大胆地迈出那一步，别浪费了你的天赋。

如何找到自己的天赋

- **回顾过去。** 回忆一下你小时候喜欢做的事情，那些做起来像玩一样的事情，可能就是你的天赋所在。那些他人觉得难以做到的事情，你能轻松完成的，往往也是你天赋的体现。在这个世界上，你是独一无二的，你也有着独一无二的技能。
- **找到能力圈。** 确定自己擅长的领域，找到自己的能力圈，然后在这个圈子里探索和努力，找到适合自己的细分赛道。
- **天赋可以来自后天。** 天赋不一定是生下来就有的，也是通过后天的尝试和努力获得的。当你发现了一个自己感兴趣的领域，然后在这个领域里不断精耕细作，最初，你可能会比身边的人更快取得一些进展，这会增强你的自信心，并激励你继续前进。随着时间的推移，通过刻意练习和自我精进，你会逐渐超越大多数人，在这个领域拥有自己的"独门绝活"。

因此，找到自己喜爱和擅长的领域，再加上努力，开辟出你的"专属赛道"，你会轻松地取得成绩。

不跟风

千万不要盲目跟风，这会让你陷入他人擅长但你一窍不通的领域，只会导致惨败。你要知道，当你进入一个赛道时，这个赛道里有天赋异禀的选手，也有后天极为努力的选手，如果你既拿不出热情也拿不出努力，你是无法竞争过他人的。你要先搞清楚自己擅长什么，不擅长什么，然后避开那些自己不擅长的领域。

找到我的天赋

在下面三个圆圈中分别写出你喜欢的，你擅长的，以及能为世界带来价值的。这三个圈都写完后，产生交集、连接的部分就是你的天赋所在。

以下问题能帮助你更好地回忆出你的长处：

- 什么事我轻轻松松就做成了？
- 什么事我做起来像玩一样，还有好结果？
- 什么事我做出来与他人不一样？
- 什么事他人不让我做，我还是会偷偷去做？
- 我拥有哪些他人没有的特质或能力？
- 我对哪些事物感受深刻，而他人感觉不到？
- 我身边的人认为我在哪些方面特别突出？
- 我通过学习掌握了哪些技能？
- 哪些事情我花了很多时间和很大精力，却收效甚微？

找到我的天赋

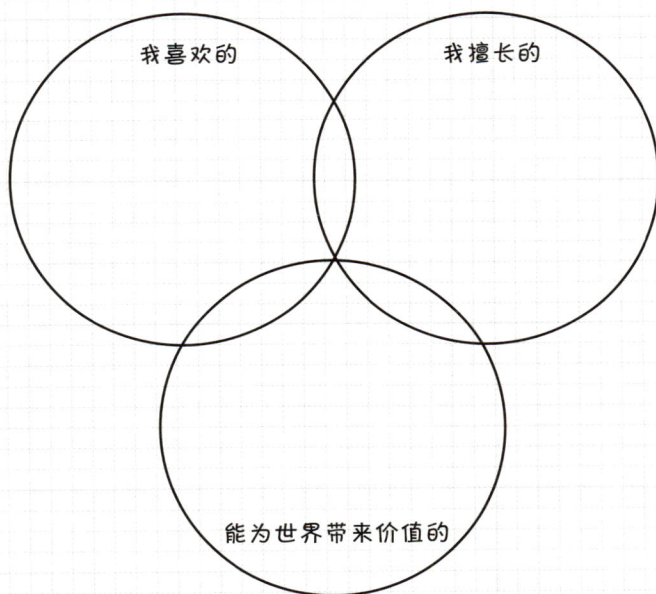

我喜欢的　　　　我擅长的

能为世界带来价值的

我在他人眼中的优点

很多时候，家人和朋友更了解你，有些你习以为常、忽略的事情可能恰恰就是你的闪光点，是你独一无二的特点。

我在他人眼中的优点

1	26
2	27
3	28
4	29
5	30
6	31
7	32
8	33
9	34
10	35
11	36
12	37
13	38
14	39
15	40
16	41
17	42
18	43
19	44
20	45
21	46
22	47
23	48
24	49
25	50

向死而生

人生只有 3 万天

> "你我皆可活两次，顿悟再无来生时，前尘方逝，今生方始。"

这句话提醒我们，每个人的生命是有限的，很多人会忘记自己最终会死去。我们总以为时间越过越多，但实际上，生命是越过越少的。每个人都有两次生命，第一次生命是在你出生时，第二次是当你意识到生命只有一次时。

全球人口的平均寿命为 70 多岁，如果活到 80 岁，我们的生命大约只有 3 万天。

把这 3 万天画成一个格子图，每个格子代表 10 天，能帮助你清晰地看到自己剩余的时间。现在看看你的人生进度到哪里了，然后把你人生中已经过去的格子涂上颜色。涂完之后，你的人生还剩多少天就非常清晰了。接下来的日子，你想怎么生活？

这个方法能让我们更直观地感受到时间的流逝，从而激发我们更积极地规划未来的生活。

人生只有3万天

月/年	1月	2月	3月	4月	5月	6月	7月	8月	9月	10月	11月	12月
1岁												
2岁												
3岁												
4岁												
5岁												
6岁												
7岁												
8岁												
9岁												
10岁												
11岁												
12岁												
13岁												
14岁												
15岁												
16岁												
17岁												
18岁												
19岁												
20岁												
21岁												
22岁												
23岁												
24岁												
25岁												
26岁												
27岁												
28岁												
29岁												
30岁												
31岁												
32岁												
33岁												
34岁												
35岁												
36岁												
37岁												
38岁												
39岁												
40岁												
41岁												

月/年	1月	2月	3月	4月	5月	6月	7月	8月	9月	10月	11月	12月
42岁												
43岁												
44岁												
45岁												
46岁												
47岁												
48岁												
49岁												
50岁												
51岁												
52岁												
53岁												
54岁												
55岁												
56岁												
57岁												
58岁												
59岁												
60岁												
61岁												
62岁												
63岁												
64岁												
65岁												
66岁												
67岁												
68岁												
69岁												
70岁												
71岁												
72岁												
73岁												
74岁												
75岁												
76岁												
77岁												
78岁												
79岁												
80岁												
81岁												
82岁												

过上心之所向的生活

有时，我们对自己想要什么是不清楚的，但对自己不想要的生活却更为明确。

想一想一年后你不希望自己的生活是怎样的。

通过以下选项，你可以更好地理解自己想要避免的，以及真实渴望的生活状态。

如果以下事情只能二选一，你会怎么选？

被人讨厌	VS	不能做自己喜欢的事
接受挑战	VS	一辈子碌碌无为
和不爱的人在一起	VS	学会享受孤独
妥协的人生	VS	走出舒适圈
做主动的那个人	VS	错过
大胆做出选择	VS	后悔一辈子
安全稳定	VS	更多可能性的人生

过上心之所向的生活

1年后，我不希望我的生活是 | **1年后，我希望我的生活是**

1年后，我不希望我的生活是	1年后，我希望我的生活是
1.	1.
2.	2.
3.	3.
4.	4.
5.	5.
6.	6.
7.	7.
8.	8.
9.	9.
10.	10.

重要的事只有十件

现在你也许对自己想要什么及不想要什么有了一些清晰的认知，在臣服于生命那部分，我们写下了如果生命还剩 1 年你会做什么；现在，如果时间缩短成了 1 个月、1 天，你会做什么？

重要的事只有十件

如果我的生命还剩1个月，我会做的十件事

1.
2.
3.
4.
5.
6.
7.
8.
9.
10.

如果我的生命还剩1天，我会做的十件事 ✧

1.
2.
3.
4.
5.
6.
7.
8.
9.
10.

想去的地方、想做的事和想要的生活

♥ 如果我可以去世界上任何地方生活，我会去

♥ 我一直想做，但从未开始的事

♥ 我希望老了之后，生活是

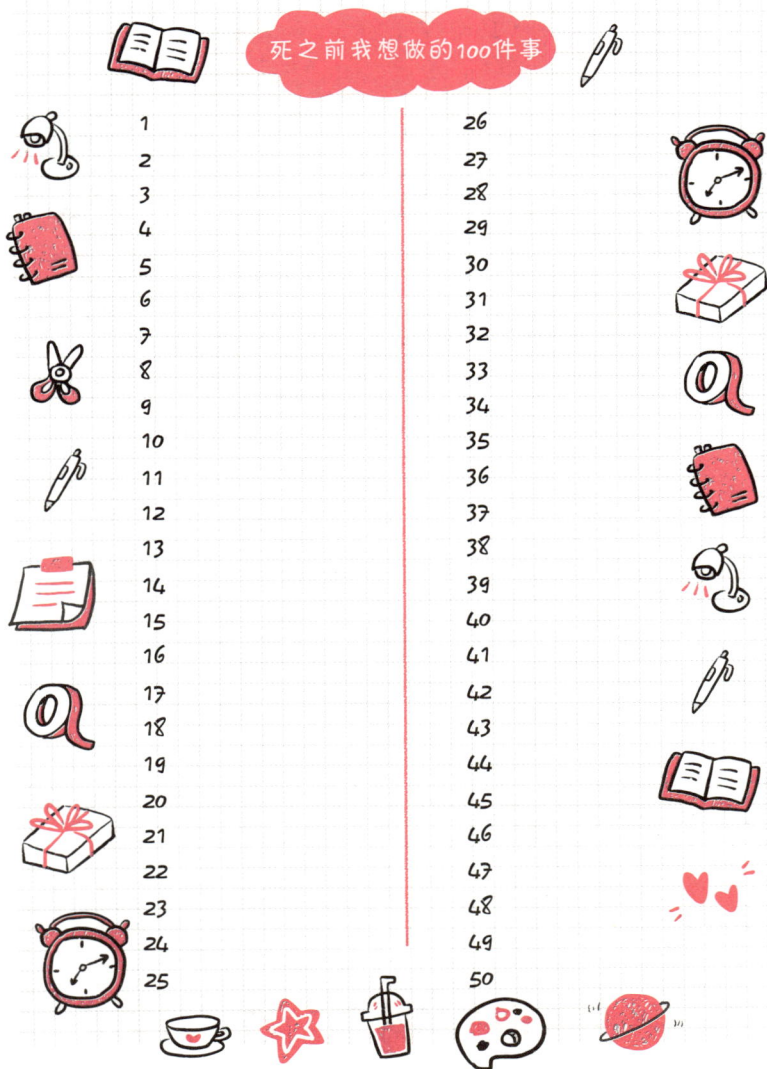

死之前我想做的100件事

1	26
2	27
3	28
4	29
5	30
6	31
7	32
8	33
9	34
10	35
11	36
12	37
13	38
14	39
15	40
16	41
17	42
18	43
19	44
20	45
21	46
22	47
23	48
24	49
25	50

死之前我想做的100件事

51	76
52	77
53	78
54	79
55	80
56	81
57	82
58	83
59	84
60	85
61	86
62	87
63	88
64	89
65	90
66	91
67	92
68	93
69	94
70	95
71	96
72	97
73	98
74	99
75	100

认清自己，对自己诚实。在你的内心深处，你知道自己是什么样的人，想要什么，适合什么。就像路遥所说，只有拥有初恋般的热情和宗教般的意志，人才有可能成就某种事业。做好一件事不难，难的是日复一日把要做的事做完、做好。

人生不过百年，在宇宙长河里，只是沧海一粟。但是，你想成为怎样的人，拥有怎样的人生，完全是你说了算。勉为其难地坚持，比不上发自内心的热爱，任何时候开始改变都不晚。

这样做人生规划才有效

制定目标的意义在于找到行动的方向。但是，我们在制定目标时，有时会好高骛远，有时会自我设限。还有很多时候我们把目标定完了，就不再理会它了。

54321 倒计时规划法来自赖德·卡罗尔的《子弹笔记》。这个方法能帮助你将长远目标拆分成短期可执行的计划。

其左边一栏分别是 5 年、4 个月、3 周、2 天和 1 小时的目标，右边一栏是完成这个阶段性目标需要采取的行动。从 5 年的大目标开始，写下你的人生大方向和要采取的行动。为了达到这个方向，在最近的 4 个月内，你需要制定怎样的目标和计划，将其写到对应的表格里。然后继续倒推，为了实现 4 个月的目标，这 3 周你需要做什么，这 2 天你需要做什么，接下来的 1 小时你需要做什么。

54321 倒计时规划法让理想不再遥远，让梦想变成了切实可行的计划。把大的目标拆分到接下来每天的日子里，你要做的事情已经跃然纸上。

📖 54321倒计时规划法 ✦

5年的目标	采取的行动

4个月的目标	采取的行动

3周的目标	采取的行动

2天的目标	采取的行动

1小时的目标	采取的行动

梦想板

梦想板是将你理想中的未来进行视觉化呈现的一种方法。可以用图片、贴纸等方式展现你的梦想。例如，想要住大房子，可以贴上心仪房子的照片；想要考上某所大学，可以贴上该大学的图片。通过这种方式，你能更清晰地看到自己的目标，并激励自己朝着这些目标前进。

你的过去不能决定你的未来。只要你敢想敢做，一切皆有可能。你的未来如此多姿多彩，充满无限可能，千万不要给自己设限，充分发挥你的想象力，勾画出你的未来吧！

梦 想 板

还记得开篇里的这个宣言吗，请你再次大声朗读它。

我的宣言

我愿意接受改变，

我愿意为我的人生行动起来！

祝你的下一段人生旅程幸福丰盛！